U0855739

中国儿童
情绪管理

晏红 著

中国妇女出版社

图书在版编目（CIP）数据

中国儿童情绪管理 / 晏红著. -- 北京 ：中国妇女出版社，2023.3
ISBN 978-7-5127-2216-3

Ⅰ.①中… Ⅱ.①晏… Ⅲ.①儿童－情绪－自我控制 Ⅳ.①B844.1

中国版本图书馆CIP数据核字（2022）第253021号

责任编辑：李一之
封面设计：李 甦
责任印制：李志国

出版发行：中国妇女出版社
地　　址：北京市东城区史家胡同甲24号　　邮政编码：100010
电　　话：（010）65133160（发行部）　　65133161（邮购）
网　　址：www.womenbooks.cn
邮　　箱：zgfncbs@womenbooks.cn
法律顾问：北京市道可特律师事务所
经　　销：各地新华书店
印　　刷：北京通州皇家印刷厂

开　　本：165mm×235mm　1/16
印　　张：14
字　　数：200千字
版　　次：2023年3月第1版　　2023年3月第1次印刷
定　　价：59.80元

如有印装错误，请与发行部联系

序

《中国儿童情绪管理》已经再版过两次，本次再版同时推出《中国儿童情绪管理》《中国父母情绪管理》，这种设计既凸显了在家庭教育环境中情绪管理的特点，还体现了《中华人民共和国家庭教育促进法》所倡导的科学教子理念。

《中国儿童情绪管理》第一版在2011年出版，当时详细解析低龄儿童情绪特点以及情绪管理方法的指导用书并不多，但是中国妇女出版社非常重视这个问题，于是对出版这本书进行了精心设计和精美编排。令人欣慰的是，20多年来，对儿童情绪状态的关注与引导，已经从最初的“小众前沿话题”变成目前的“大众普通话题”，从以前忽视孩子的情绪生活到现在重视孩子的情绪教养，孩子的情绪、情感发展被视为影响人生幸福的重要因素。当然，由于情绪、情感都是伴随生活情境产生，事过境迁的生活节奏常常让家长很难做到及时关注孩子的生活感受，更难以有效地与孩子的情绪、情感体验同频共振，导致孩子的情绪、情感需要未能得到充分的满足，他们的情绪困扰也未能得到有效的纾解。长此以往，不但影响孩子的情绪生活质量，还会对孩子的人际关系、性格个性、为人处世风格等多方面产生重要影响，尤其是家长普遍关心的亲子关系与学习态度也会经常直接与孩子的情绪、情感状态发生关联。因此，家长需要了解在日常生活情境中发生的哪些事情可能会影响到孩子的情绪发展，需要知道怎样把握生活教育的机会，在孩子童年早期就可以促进孩子的情绪发展，希望新版的《中国儿童情绪管理》可以一如既往地为读者提供相应的启发和帮助。

良好的情绪修养不仅是孩子的事情，也是家长的事情，甚至家长的情绪修养更加重要。我经常接受家长的咨询，很多家长咨询的时候都会说孩子有这个问题、那个问题，却意识不到孩子的问题只是结果，只是表面现象，真正的原因常常与家长相关。每次咨询1小时，几乎需要半小时让家长意识到孩子的问题与父母自身因素之间的关系，意识到改变孩子的前提是改变自己，不要误以为只需要孩子改变，而自己不需要改变。其实，亲子关系是情绪情感相互影响、高度关联的亲密关系，在思想意识上非常有必要把家长的情绪与孩子的情绪做适当的区分，尤其是面对未成年人，家长更有必要先把自己的情绪理顺，才更有可能理性而温情地面对孩子成长的烦恼。《中国父母情绪管理》正是出于这样的考虑而单独成册，希望家长意识到自己在生活中、在家庭教育中存在着情绪化的一面，把关注和处理孩子的情绪与关注和处理自己的情绪结合起来。情绪管理绝不仅仅是孩子成长中的任务，也是伴随家长一生需要不断提升自我修养的过程。从这个角度而言，伴随孩子一起成长，为孩子的健康发展而做自我改变，是家长必经的路径。这一点与我们所熟知的一句话是相通的，“亲子教育不仅是家长教育孩子的过程，也是亲子共同成长的过程”。

《中国父母情绪管理》与《中国儿童情绪管理》的完稿正值《中华人民共和国家庭教育促进法》正式实施一周年之际，《中华人民共和国家庭教育促进法》为新时代家长指引了科学育子行为规范。很多家长都是在家有二宝、家有三宝的环境中养育孩子，多子女之间及其与父母之间形成更为复杂的人际关系，意味着家长面临着孩子更为复杂的心理世界。为了孩子的健康成长，家长不仅要关心孩子的物质生活，还要关心孩子的精神生活，这需要家长对日常的家庭教育现象经常保持积极的思考与主动的学习态度，探索出适合自己家庭与自己孩子特点的教育方法。愿本次出版能助家长合格履职一臂之力！

晏红

2023年2月于清华园

目录

PART 1 让孩子做情绪的主人

PART 2 15 种积极情绪的培养

PART 3

15 种消极情绪的疏导

PART ①

让孩子做情绪的主人

01 做情绪的主人而不是奴隶

情绪是与生俱来的心理现象，无论是否加强管理，情绪都有一个产生与发展变化的过程。但是任由情绪自生自灭，可能会对人的身心造成伤害。因为情绪既有正功能，也有负功能，健康的情绪给人带来快乐，使人提高学习与工作效率，促进人际关系和谐；亚健康的情绪虽然暂时显现不出副作用，但是天长日久产生积累效应，会损伤人的身心健康，如长期处于紧张、压力、郁闷、焦虑的心境，会影响人的精神面貌，使人的身体机能也受到损害；不健康的情绪则直接给人带来痛苦，让人的心跳、血压和内分泌系统都处于亢奋应激状态，耗费大量的身体能量。可见，为了维护身心健康，我们应该对情绪进行科学管理，做情绪的主人而不是情绪的奴隶。

做情绪的主人是指了解情绪的自然特征和自己的个性特征，敏锐地识别情绪变化信号，及时尝试有益且有效的策略，以表达自己的情绪或者缓解情绪压力，保证自己的智力活动顺利进行，社会功能得以实现；也指对自己和他人的情绪变化具有较为准确的预见能力，并主动采取防范措施以维护情绪健康与人际关系。他们不回避情绪困扰和现实困难，以积极乐观的心态迎接挑战、应对挫折，是最有可能走向成功的人，是能真正享受快乐与幸福的人。

做情绪的奴隶是指被情绪控制，任性而为，既给自己带来痛苦，也给别人带来误解、尴尬甚至伤害。他们不尊重情绪的自然规律，视情绪为敌人，与情绪抗争，竭力掩饰、压抑、扭曲自己的情绪，不善于采取合理的方式表达自己的情绪，长此以往会形成消极的性格特征，并可能遭受慢性心理压力所导致的疾病隐患。这样的人对情绪反应过度敏感或者过度迟钝，易受伤害也容易伤害他人，抗挫折能力弱，精神面貌消极，对人生的快乐与幸福体验少，成功的概率也低。

一个人成熟的重要标志之一就是做情绪的主人。从童年到成年，我们很少有机会接受系统的情绪管理培训与辅导，大多数人的情绪特征依赖自身的成长环境悄然而成，因此呈现情绪管理个体差异较大的状况。有的人在生活的历练中逐渐成长为情绪的主人；有的人时而是情绪的主人，时而是情绪的奴隶；有的人则经常沦为情绪的奴隶。为了避免孩子重蹈覆辙，家长要从小培养孩子良好的情绪管理习惯，这是造就孩子幸福人生的大事。

帮助孩子成为情绪的主人，需要家长善于管理自己的情绪，也善于引导孩子管理自己的情绪。人生之初，孩子的情绪发展与理智发展不平衡，容易冲动、情绪化，非常需要家长关注他们的心理需要，培养他们的积极情绪，疏导他们的消极情绪，最终达到他们能够合理表达、灵活调节、科学管理情绪的目标，真正成为情绪的主人。

02 情绪管理管什么

情绪管理是指对自己以及他人情绪进行体察与关注，并采取适宜的方式表达自己的情绪，协调与他人之间的关系，最终达到身心统一、内外和谐的心理平衡状态。情绪管理是真实地面对与关注自己的情绪，而不是忽视、隐藏或者压抑情绪。情绪管理的内容主要包括以下几方面。

了解自己的情绪

情绪时时刻刻都存在，但我们并非总是能够意识到它的状态。因为情绪作为一种内心体验，是多种因素作用的结果，与一个人的认知、阅历、思维、性格、能力以及日常习惯有关，也与所处的外在环境、自然条件、人际关系、任务难度有关。这些因素相互作用，产生某一种或者某几种复杂的情绪反应，我们很难迅速、清楚地厘清自己到底处于什么情绪、为什么会这样、怎样才能走出情绪低谷等问题，因而产生困惑与烦恼，甚至痛苦与怒火。

0～6岁期间，孩子的情绪体验不断丰富，但是情绪认知水平比较低。如果没有成人的良好示范和积极引导，孩子对情绪反思的自觉性就发展得比较慢；如果得到良好的情绪与情感教育，孩子的情绪认知水平将会大大提高。所以，家长了解孩子的情绪发展特点以及情绪疏导方法，对于提高孩子的情绪管理水平是非常重要的。

调节自己的情绪

情绪因情境而产生，情境是不断变化的，情绪也会随之波动起伏。对于孩子来说更是如此，因为他的情绪对外在环境的依赖性很强，更需要经常调节自己的心理平衡。“七月天，孩子脸”说的就是孩子情绪的多变性，也说明孩子在随着情境的变化而不断自主调节情绪。

调节自己的情绪包括适当地表达情绪以及健康地纾解情绪。孩子情绪不稳定、好冲动，学习合理表达消极情绪，做到既不伤害别人，也不过分压抑自己，需要一个锻炼的过程。纾解情绪的方法很多，有的人大哭一场，有的人发泄一通，有的人诉苦一番，有的人逛街散步，有的人听音乐、看电影，有的人则加强反思，如“我为什么这么难过（生气）”“给自己带来了什么伤害”“怎么才能让自己高兴起来”“怎么做将来才不会重蹈覆辙”等。其中有些是对身心有益的积极方式，有的是对身心有害的消极方式。如果孩子常常采取闷闷不乐、沉默寡言或者攻击宣泄、任性赌气等方式，对孩子的身心平衡与性格发展是不利的，需要家长主动想办法改善他的情绪管理方式。

关注他人的情绪

情绪具有感染性，有时自己的情绪会被别人感染，有时别人的情绪也会被自己感染。在宽松愉悦的人际氛围中，人的心境放松快乐；在狭隘紧张的人际氛围中，人的心境压抑沉闷。可见，自己的情绪不是来无影、去无踪的“独行侠”，而是与他人的情绪密切相关。这就需要孩子具备察言观色的意识与能力，并采取适宜的方式与他人交往，才能保持良好的人际关系。例如，当别人独自坐在那里的时候，孩子首先要判断那个人是在自己玩还是在闷闷不乐，然后判断他是否需要自己的介入，如果别人想自己待一会儿，就不应该打扰他；如果别人并不排斥自己的介入，还要进一步试探别人愿意接受自己哪种方式的帮助。

关注他人的情绪需要走出以自我为中心的情绪管理态度，学会换位思考。有的孩子总想让他人与自己的喜怒哀乐同步：自己心情愉快时，希望周围的人也跟着高兴，却不管别人正在做什么事；自己心情不好时，别人也不能流露出欢乐，甚至故意制造事端，破坏和谐的人际氛围。所以，家长要培养孩子学会尊重他人的情绪。

协调与他人情绪之间的关系

人不能离群索居，要有与他人和谐共处的能力。孩子经常会与同伴在需要、思想观念及行为方式等方面产生冲突与矛盾，正确的态度不是回避与退缩，也不是压抑自己或者强迫他人，而是通过协商、分享、合作、轮流等方式与同伴相互谅解、达成共识、促进合作，最终做到既维护自尊，又尊重他人。

孩子的情绪独立性不强，容易受成人情绪影响。与成人相比，孩子属于弱势群体。如果家庭成员闹别扭让孩子不开心，夫妻之间闹离婚让孩子很伤心，他的情绪就会非常低落，相当于用别人的错误来惩罚自己。孩子是无辜的，可他很难从家长的情绪氛围中独立出来做到自得其乐，因而成为家庭矛盾的最大受害者。所以，营造幸福和谐的家庭环境，是孩子正确认识与处理自我情绪以及他人情绪的基础，是孩子情绪健康发育的基础。

激励自我奔向目标

过去、现在、未来是每个人连续不断的成长历程，过去影响现在，现在影响未来，未来如同灯塔，为今天指引前进的目标。情绪管理能够帮助人们解开过去的心结，走出情绪低谷，积极地活在当下，乐观地面向未来。对孩子而言，情绪管理更是如此。童年时代是形成自我意识的关键时期，如果孩子没被错误吓倒，而是丰富了智慧；如果孩子没被困难挫败，而是变得更加坚强；如果孩子没被优越的环境宠坏，而是与人相处融洽——那么孩子就会形成正确的、积极的自我意识，真正学会如何做人与做事，对生活充满激情，对未来保持乐观，拥有快乐幸福的人生！

03 如何做情绪的主人

情绪管理的方法非常多，每个人都会在日常生活中领悟到一些情绪管理的小窍门，但方法再多，也是万变不离其宗。为了更加有效地把握情绪管理的规律，为了在生活中探索更多有效的情绪管理方法，我们需要了解的诸多情绪管理方法最终都可以归为以下三大类。

针对现实问题的情绪管理策略

情绪在很多情况下是因做事不得力而产生，这是由于缺乏相应的知识与技能导致的。例如，当众讲故事的过程中产生了紧张不安的情绪，固然可以采取暗示自己“别害怕、没关系、我能行”等方式鼓励自己，但最根本的办法还是应该针对讲故事这个具体的现实问题加强锻炼，可以通过选择熟悉的故事、吐字清晰响亮、语速不快不慢、熟练背诵记忆、提前反复练习等办法，提高讲故事所需要的各种能力，这样才能最终解决讲故事情绪紧张的问题。再比如，有的孩子生气发脾气就是因为画不好画、叠不好飞机、跳不好绳、投不进球、跑得不快等具体技能不足，如果孩子面临的现实问题解决了，情绪困扰也就随之消失了。由于针对现实问题的情绪管理策略属于拓展知识、培养能力的范畴，与智商发展、技能培养、学习方法以及学习能力密切相关，限于篇幅，未纳入本书内容。

针对观念认识的情绪管理策略

事实上，并不是所有问题都能解决，我们只能面对现实、接受现实，通过改变观念调节心情。例如，自己很友好但遇到一个蛮不讲理的人，自己很努力也不能确保每次都得第一，自己再聪明也不能让别人满足自己的所有需求，等等。许多现实环境与事实是个人无法改变的，但是改变对环境与现实的看法有助于人们改善情绪。例如，自己很友好但遇到一个蛮不讲理的人，确实会给自己带来困惑、尴尬甚至恼火，但是事情已经发生了，不可能让事情重来，这时就可以从调整对事情的认识来管理情绪，可以对自己说：“我已经尽力了，是他蛮不讲理，不是我的错，不必拿别人的错误来惩罚自己。”“或许我也有做得不妥的地方，但是事情已经过去了，下次我会做得更好，这点挫折不算什么。”“从这件事情也吸取一个教训，这样的人不好相处，没有关系，我还有其他好朋友。”这些内心的自言自语都是情绪管理的过程与策略。

孩子从观念上调节自己情绪的能力还是有限的，所以家长要经常给他讲道理。这就是在帮助孩子提高认识，开阔思维，培养宽广的胸怀，走出情绪的困扰。在《中国父母情绪管理》中提到的“认知法”“延迟满足法”“自编故事法”主要属于针对观念认识的情绪管理策略。

针对情绪状态的情绪管理策略

有时问题解决不了，即使改变对问题的看法与认识也难以调节自己的情绪。例如，孩子已经明白家长送自己上幼儿园的原因，也明白上幼儿园是自己应该做的事，但是他仍然控制不住恐惧和焦虑的情绪，家长走后就哇哇大哭，老师劝也劝不住。还有的孩子一天到晚都在边哭边念叨：“妈妈接。”“妈妈第一个接。”“妈妈在上班。”这些表现都是孩子通过改变认识来管理情绪的努力与尝试，但毕竟孩子的情绪管理水平有限，常常不能很快有效地转化消极情绪，这时候就需要成人的帮助。在《中国父母情绪管理》中提到的“接纳法”“共情法”“表扬鼓励法”“批评教育法”“区别强化法”“行为契约法”“系统脱敏法”“隔离法”“积分法”“运动法”“放松法”主要属于针对情绪状态的情绪管理策略。

TIPS

情绪管理要具体分析、灵活处理

情绪管理的三大基本策略各有特点，分别对不同的人、不同的情境和不同的情绪产生不同的管理效果，在日常生活中应该灵活选择、综合使用、科学搭配。谁都难以保证某种策略立即有效、长久有效，我们需要根据孩子的成长变化和具体环境的不同，而不断探索科学的情绪管理策略。

04 情绪管理策略也分高下

如果你带着孩子到饭店参加同事聚会，因为有人还没到，大家只好聊天等待。而孩子已经饿了，他要吃已经上桌的部分饭菜，你不让，要求他再等一会儿，这时你的孩子可能是什么反应？

①生气地拍桌子或者踢椅子。

②反问妈妈：“我饿了，为什么不让我吃？”

③乖乖地坐在那里，什么事情也不做，什么话也不说。

④开始翻妈妈的手提包，看看里面有没有好玩的东西。

⑤盯着桌上的饭菜，禁不住吸吮手指。

⑥妈妈说如果今天听话，明天就带他去游乐场，他想了想，就自己出去玩了。

⑦问妈妈要钱，自己到外面买了一个冰激凌吃起来。

或许孩子还有其他表现，但归结起来都属于不同性质的情绪管理策略。人一生会面临大大小小很多挑战，其中一个经常性的挑战就是调节自己的心理平衡。而不同的人经常采取不同的管理策略，不同的策略不但产生不同的结果，而且还会影响孩子行为习惯以及性格和人格特点的形成。

孩子的情绪管理策略

结合前面案例中提到的反应，孩子的情绪管理策略通常有以下几种。

◦ 发泄

这是使家长比较尴尬和为难的极端反应，孩子采取一些具有攻击性、伤害性、破坏性的情绪和行为来表达自己的不满，宣泄自己的愤怒。除了①所表现的捣乱和破坏以外，还有尖叫、哭闹、摔打、骂人等消极行为。

◦ 被动应付

孩子不主动采取任何积极的措施来调节面临的矛盾，而是被动地承受，什么也不想、不说和不做，只是发呆，如③。

◦ 自我慰藉

孩子做一些无意义的重复动作来排解心中的焦虑，如⑤；或者说一些假想的话来歪曲现实以达到安慰自己的目的，如“这些饭菜不好吃”，类似“吃不到葡萄说葡萄酸”（酸葡萄效应）的调节策略。

◦主动解决

孩子积极主动地采取针对问题和困难的适应性行为，尽可能地帮助自己减轻压力，摆脱困境。除了②所表示的要求给出理由以外，还有口头反对、提出疑问、摆出条件、寻求合作、自己尝试（如⑦）等行为。

◦替代活动

孩子自己想办法转移注意力，采取一些分心行为，忽略自己的需求，除了如④所表示的主动寻找以外，还有主动找别人说话、自己唱歌跳舞等行为。

◦重新思考

孩子改变自己的观念和态度，对事物的价值重新做出判断和选择，最终调节心理平衡，如⑥，孩子“想了想”妈妈的话，在暂时的“小痛苦”（现在饿一会儿）和明天的“大快乐”（去游乐场）之间进行权衡，最后判断后者更有价值。经过重新思考，他愉快地调节了自己的心理平衡。

积极管理策略与消极管理策略的影响不同

TIPS

情绪管理的积极策略与消极策略

根据性质不同，情绪管理策略可以分为积极策略和消极策略。积极策略帮助孩子隐藏或改变情绪反应，并采取相应办法适应当前的新环境，从而改善心理和人际关系。消极策略助长孩子的不良反应，造成人际关系紧张，影响心理健康发育。因此，家长要关注孩子的情绪管理策略，引导他向积极方向努力，减少和避免消极心理状况不断升级。

“发泄”和“被动应付”属于消极策略，“自我慰藉”属于中性策略，“主动解决”“替代活动”和“重新思考”属于积极策略。年龄大小相仿的孩子面临同一情境，会采取差别很大的调节策略，这不但导致调节结果出现差异，而且也能反映孩子思维水平的高低、思维方式的优劣。思维习惯形成之后会影响孩子的性格、人格修养和心理健康发展状况。

“发泄”容易导致孩子出现攻击和破坏等问题行为，养成抱怨、报复等不良心理倾向与行为习惯。有些年轻父母对此存在认识误区，他们认为发泄有助于释放消极情绪，排解心理压力。事实上，孩子在释放和排解过程中是很不愉快的，他情绪亢奋、行为过激，对自己和他人都会造成伤害，破坏和谐的人际氛围。之后，孩子还容易形成错误的思维模式，即认为出现问题都是外在因素造成的，并且他不能通过积极营造良好的外在环境来调节心理，而是把外在环境变得更加混乱，从而扯平心理矛盾。显而易见，与其他几种心理调节策略相比，这种方式是消极和不足取的。家长应该引导孩子掌握积极调节策略，否则孩子在心理调节能力方面就落后于同龄伙伴了。

“被动应付”的孩子虽然不像“发泄”的孩子那样令人难堪，可能还显得比较听话，但孩子比较被动，不善于动脑筋，遇到问题就发呆，属于不喜欢努力的消极策略，影响孩子形成主动意识、创新精神和进取人格。虽然如此，有些家长容易忽视“被动应付”的孩子，因为他比较安静和乖巧，往往会息事宁人，导致家长常常意识不到孩子还需要进一步积极引导。

“自我慰藉”是孩子用逃避现实的方式调节心理平衡的自我安慰行为。幼小的孩童遇到矛盾和困难的时候容易使用这个策略，暂时起到自我保护的作用。但如果孩子对此依赖过多，会形成幼稚、退缩、逃避的心理与习惯，不利于提高自身正确认识和分析问题、勇敢面对现实的能力，所以家长应该引导孩子随着年龄的增长不断减少使用这一策略。

“主动解决”是孩子正确面对现实、认真分析问题、自主尝试办法的积极策略，它是人一生都在发展和提高的能力。研究发现，儿童从1岁开始就会出现这种策略与能力，并随着运动、语言和思维水平的提高而不断加强。但因为孩子的经验有限，有针对性地解决问题的能力有限，所以他的主动解决策略有时不正确、不成功，需要家长的启发和帮助。而实际情况是，家长常常忽略了孩子的这种主动性，把他不正确和不成功的策略归为反叛、多动、固执和捣乱等问题，因此采取否定、压制或者包办代替的管教方式，这将阻碍孩子主动解决问题能力的发展。

“替代活动”是孩子调节自己需求的积极策略，当孩子“主动解决”策略不能取得效果的时候，他就退而求其次，选择一个对自己比较有意义的其他行为暂时满足自己的需求，从而求得心理平衡。它与倾向于逆来顺受的“被动应付”不同，也与倾向于逃避和歪曲现实的“自我慰藉”不同，孩子选择“替代活动”的态度还是积极的，选择的行为也是相对能吸引自己并从中得到快乐的行为，因此“替代活动”是培养孩子心理调节能力时常用的策略，孩子有时能自己找到“替代活动”，有时需要家长的启发、提示、支持和帮助。

“重新思考”的孩子能够对事物的意义进行再次评估，在家长的引导下，他善于从多个角度看待同一事物，形成态度一变行为就变的积极调节方式。它与酸葡萄效应的“自我慰藉”不同，它并不回避和歪曲现实事物，而是在现实与未来之间的关系、大利益与小利益之间的关系中进行重新思考和判断，最终做出心甘情愿而又理性的选择。家长应在不知不觉中利用此策略引导孩子，培养孩子遇到矛盾换角度思考的习惯。久而久之，孩子也会主动掌握并善于使用这种积极的调节策略。

05 情绪管理策略

情绪种类繁多，根据自己的需要是否得到满足，可以分为愉快的积极情绪与不愉快的消极情绪。

消极情绪的管理策略

○ 接纳孩子的消极情绪

消极情绪会让孩子难过，使家长难堪，所以当孩子遇到事情想不开而出现低落、郁闷或者爆发激烈情绪时，有的家长不愿意接纳他的情绪，甚至认为孩子不应该这样，这是没有教养的表现，因而否定、压抑孩子的情绪。实际上，**情绪因情境而产生，是人们经常出现的自然心理状态，应该得到理解和接纳**——不仅孩子需要家长这样对待自己，其实所有人都希望别人这样对待自己。在被接纳的过程中，孩子体验到家长对自己的爱是无条件的，家长不会因自己的所作所为和情绪好坏而改变对自己的爱，孩子便获得了最基本的安全感以及自我成长的空间。

接纳有时可以直接解决孩子的问题，因为被接纳的孩子心情会变得平和，可能马上就有能力自己解决问题了；接纳有时是解决孩子问题的基础，放松的心情让他们恢复了改变自己的力量；接纳还塑造了良好的亲子关系，被接纳的孩子对家长产生浓厚的好感和信任，会自觉自愿地与家长沟通、配合，否则会对家长产生回避、敌对或者抗拒情绪，这种亲子关系是无助于解决问题的。

◦ 丰富孩子的情绪认知

孩子的情绪体验是丰富的，但是认知比较单一，这是因为他们很少有机会学习表达情绪的词语，这也是许多成人的知识缺陷。单一的情绪认知让人难以察觉自己的情绪，也难以分辨别人的情绪，容易出现迷惘与困惑。

在一项针对5岁儿童的情绪认知调查中，他们对故事主人公丰富的情绪体验只能粗略地说高兴和不高兴、生气和不生气，而主人公在高兴情绪中所表现出的惊喜、欢呼、享受、温暖，在生气情绪中所表现出的难过、伤心、后悔、愤怒，孩子们都描述不出来。不过，经过启发与引导，孩子很快就能认知这些情绪，并在类似的故事中表现出刚刚取得的进步。初级的情绪认知教育就是帮助孩子掌握“心中有、嘴上无”的准确词汇。

家长可以在读书讲故事或者孩子正在体验情绪的时候，丰富他的情绪认知。例如，家长经常向孩子提问：“他（你）现在有什么感觉？”孩子的说法可能比较笼统、不准确，家长可以接着用准确的词汇说：“你的感觉是……”“这件事让你很生气。”“你看上去有点伤心。”然后还要反问孩子一句：“是不是这样啊？”因为有时家长可能没有理解孩子的情感，这就需要进一步交流。孩子的情绪认知水平提高了，能理解和谈论各种心理感受了，才能学会主动地管理自己的情绪。

◦ 引导健康的表达方式

孩子出现消极情绪常常是不由自主的选择，是他没有能力选择更好的情绪表达方式，也没有得到家长的及时关注与科学引导所导致的，所以家长帮助孩子建立健康的情绪表达方式很重要。家长要先树立积极情绪的好榜样。有时家长也难以意识到自己的情绪是积极的还是消极的，我们可以通过孩子反观自己。因为孩子是家长的一面镜子，如果孩子的情绪问题已经比较严重，家长可以反省自己是不是对孩子产生了消极影响，改善自己的情绪管理方式常常会带动孩子改善情绪。同时，家长以适度、适时、适宜的原则帮助孩子管理情绪，做到既善待自己又善待他人，引导孩子学会使用健康的情绪表达方式。

◦ 立即奏效的方法未必科学

如果孩子出现消极情绪，不少家长会觉得只要想办法帮助孩子消除消极情绪就是好办法。实际上，暂时有效的方法未必就是科学方法。例如，孩子调皮捣蛋、发泄摔东西的时候，家长用恐吓或者责骂的方法可能会立即阻止孩子，但是从长远来看这对孩子是有害的。因为恐吓会让孩子过度害怕，迫使孩子逃避或者说谎，孩子表达情绪的方式并没有从根本上得到改善。责骂更是让孩子习得了攻击的行为方式，为孩子做了不好的示范。有的家长在孩子哭闹的时候给他零食吃，当时孩子是不再哭闹了，但有些零食是不健康食品，总依赖零食来调节情绪，也不利于孩子的身体健康。所以，科学的教育方法不仅要讲究暂时有效，还要讲究长远有益，两者兼顾才是真正的好方法。

积极情绪同样需要管理

很多人自然而然地认为消极情绪需要管理，积极情绪不需要，其实未必。高兴是积极情绪，但是高兴到人来疯的程度，就无益于孩子身心健康的发展，是需要加以管理的；孩子受了委屈，用攻击报复的方式发泄了怨气，心里虽然痛快了，但并不利于孩子良好性格的发展，这也是需要管理的。消极情绪虽然使人感觉不愉快，但也是有必要的。例如，孩子受欺负了，感到生气和愤怒，虽然心里不舒服，但这是维护自我的必然反应，是必要的消极情绪，但过多愤怒则无益；孩子见到危险吓得心怦怦直跳，虽然感觉不愉快，却会及时采取躲避措施，有利于保护自己，也是必要的消极情绪，但过度恐惧则无益；孩子做错了事产生懊悔情绪也是不舒服的心理反应，却有助于促进反思、总结教训，但过度懊恼则无益。

可见，不管是积极情绪还是消极情绪，都需要科学管理。管理的关键在于情绪表达得是否适度、适时和适宜，这三者分别指情绪的强度、持续时间和表达方式。例如，喜悦适度就不会得意忘形，恐惧适时就不会持续过久，愤怒适宜就不会伤害他人。只有适度、适时和适宜的情绪，才会对孩子的身心发展起到积极的促进作用，否则就需要家长的特别关注与科学管理。

06 当心孩子虐待自己的情绪

精选案例

女儿璐璐出生7个月以来，关女士和丈夫没有睡过一个整觉，不知什么原因，孩子总是没完没了地哭，其实她的身体没有什么疾病。即使双休日关女士也休息不过来，因为白天照顾女儿同样身心疲惫。她发现女儿的脾气特别急躁，一旦要吃、要喝、要睡，就会突然大哭。把食物放在她嘴边，她还要哭很长时间才能安静下来，有时吃完喝完还要哭一阵子。她仿佛对自己的痛苦体验记忆力很强，反应很强烈，家长的情绪也时常跟着孩子变得非常糟糕。

关注孩子虐待情绪的现象

孩子除了具有一些自我保护本能以外，还没有自觉、主动保护自己的意识和能力，一旦遇到不顺心的事，有的孩子就会过度反应，强烈地发泄消极情绪。

例1：7个月的璐璐并无身体不适，但她的哭不分昼夜，家长很难有效地使她获得安慰，除非自己哭得累了、困了，她才会停止，而不像有的孩子那样能自己躺在小床上安静地玩一会儿。

例2：家里来了一个小伙伴，2岁的栋栋从小伙伴一进门就开始哭，小伙伴走到哪儿，他就跟着哭到哪儿，本来咳嗽没好，这下子咳嗽得更厉害了。

例3：21个月的飞飞是个爱发脾气的孩子，他一发脾气就用手抓脸，脸被抓得痕迹斑斑，家长很心疼，可想了很多办法也不见效。

例4：刚上幼儿园的小孩子都要哭一阵子，但是娇娇比别人哭得声音更大、时间更长。她坐在小椅子上使劲地哭，老师怎么劝她都安抚不了。而且她这样持续了一个月还没有适应，老师担心她嗓子哭坏了，就劝她退园了。

虐待自己情绪的孩子会形成既依赖他人又不容易接纳他人劝慰和帮助的倾向，再加上不善于自我调整情绪，结果就剩下纯粹的闹，长久下去不利于形成健康的心理和良好的个性。科学家研究发现，孩子出生后前3年的情绪会影响其大脑的发育。善待自己的情绪，大脑颞叶扁桃核区能够释放抑制产生不良情绪的生化物质，例如肾上腺素、去甲肾上腺素和氢化可的松等；而虐待自己的情绪，这种脑功能要弱一些，长大以后更有可能产生心理和情感问题。

善待情绪有利于身心健康

情绪是孩子最早发展的心理活动，家长一般特别关注孩子的早期智能开发，而对其早期情绪问题或不重视，或不知所措。发育成熟的情绪有3种状态：心境、激情和应激。心境是一种微弱而又持久的情绪状态。好心境对工作、学习、生活及生理健康都有明显的促进作用，坏心境则相反。激情是爆发强烈但持续时间短暂的状态，伴有明显的肢体反应，例如哭闹、红脸、瞪眼、跺脚等。激情会激起一种动力，但容易过分冲动。应激是对出乎意料的情境进行的判断和反应，适度应激有益于加强内脏、肌肉、骨骼系统的生理活动，促进人体释放能量；过度应激使人过多消耗能量，甚至引起疾病。可见，积极的情绪体验如同沐浴阳光，让人总把自己的心态调整得舒舒服服的；消极的情绪体验如同阴霾笼罩，让人总想不开，自己跟自己过不去。学会善待自己的情绪才有利于身心健康。良好的养育方式和有意识的早期训练都有助于提高孩子善待自己情绪的能力。

帮助孩子善待情绪的良策

◦根据新生儿的状态帮助孩子善待情绪

新生儿有6种状态交替进行：安静觉醒状态、活动觉醒状态、安静睡眠状态（深睡）、活动睡眠状态（浅睡）、瞌睡状态（半睡半醒）和哭的状态。安静觉醒状态的新生儿会安静地待在小床里，喜欢观察天花板、床上的气球和家长的表情。这时家长可以逗逗他，但不要急着把孩子抱起来，打扰孩子的安静状态，孩子自己与周围环境的良性互动体验有益于培养他的情绪自慰。当新生儿想吃奶或想入睡时就会进入活动觉醒状态，他随时可能激动、烦躁。这时，家长不要立即把奶嘴送到孩子嘴边，而是要拿着奶瓶在孩子眼前晃一晃、逗一逗；如果孩子吃母乳，家长可以抱起孩子拍几下、走两步，这些行为都能帮助孩子等待几秒钟，培养他在期望到来之前学会安慰自己、等待片刻。活动睡眠状态的新生儿会出现眼球转动、轻轻啜泣或者手脚偶尔活动，但并没有醒来。这时家长不要抱起孩子，否则他可能养成依赖大人抱哄的浅睡状态，以后再独立睡觉就难了。

◦分辨孩子不同的哭声需要，采取不同的反应

当哭声响起的时候，家长要学会辨别孩子传达的信息。当孩子传达的是饿了、渴了、尿湿了、疼痛了等生理上的感受时，家长确实要积极

地回应和提供帮助，这样才能让孩子建立足够的安全感和信任感，为孩子形成良好的情绪反应涂好底色。

观察发现，在养育孩子的时候伴有相应的语言，例如“宝宝饿了不哭，一会儿就吃”等话语，孩子得到的安慰信息多，他以后就可能模仿这些语言用自言自语的方式安慰自己，进而促进他将外部语言转化为内部语言，习得抚慰自己情绪的策略。

当孩子传达的是烦了、寂寞了等情感需要信号时，家长要逐步帮助孩子学会控制和调整自己的情绪，进行自我安慰。家长不要立即把孩子抱在怀里使他得到彻底的安慰，而要先走到他的旁边轻轻地说说话，或者播放一首他喜欢的歌曲，吸引孩子的注意力，对他也能起到安抚的作用。所以，在孩子的整个童年时期，都不要不加控制地一下子给孩子所有的爱，使他对别人的爱产生依赖，却不知道自己爱自己同样是快乐幸福的。

◦ 对难养型气质的孩子采取特别的态度

孩子出生便具有不同的气质，难养型气质的孩子比较容易生气、发怒、暴躁，不易接受别人的安抚。得到科学的养育，这种气质的孩子长大后会有所改变，但有些孩子就顺着这个天性发展为任性和难以调教。建议家长在孩子2岁之前还听不懂道理的时候，可以耐心接纳他的状态；2岁以后孩子身体结实一些，又能听懂道理了，就要逐步给他明确各种行为的界限，教他以行为规则管理自己的情绪，而不是由着性子，放任情绪。

◦ 家长客观地了解和对待孩子的坏情绪

观察发现，家长常常夸张地描述孩子的坏情绪，把孩子发脾气的程度和时间说得比实际情况要严重，会导致家长产生坏情绪，甚至把坏情绪再转移到正在虐待自己情绪的孩子身上。以虐待对待虐待的家长自然不会再有心情教育了。

建议家长列一张表格对孩子的坏情绪做个客观记录，例如哭闹的时间、持续时间、表现特点、可能的原因、采取的策略、策略的效果，连续记录半个月，有利于寻找适合孩子的个性教养方案。把这个记录保存起来，等孩子长大后让他看看，他会反哺父母之爱的！

PART ②

15 种积极情绪的培养

01 快乐

• 精选案例

天翼和颢颢都2岁了。一次，两个孩子的家长带着他们逛商场。走到儿童部的时候，两个孩子都停在一个玩具火车前不走了，于是家长就给他们一人买了一个。一会儿，两家人要去地下大超市，再经过玩具柜台的时候，两个孩子又都在一个玩具飞机前停下不走了。天翼的妈妈看着天翼说："我们出门前怎么说的？"孩子回答："一次只能买一个玩具。"妈妈问："那怎么办呢？"天翼说："下次再买。"说着，他就把玩具放下了。颢颢的妈妈说："颢颢，咱们家里有，不买了。"颢颢说："不行，我要买。""你看天翼就没买，咱们也不买了。""不行，我要买。""你这孩子真不懂事，想干什么就干什么！"颢颢听出妈妈批评和拒绝的语气，就哭起来。妈妈说："你越哭，我越不给你买！"颢颢接着大哭。不少顾客路过时都盯着孩子看，超市营业员也走过来看发生了什么事。妈妈妥协了："这孩子真烦人，算了算了，给你买了，别哭了。"走出商场的时候，妈妈给颢颢穿外套，颢颢不配合。妈妈说："给你买了飞机，你还不高兴？"颢颢噘着嘴，踢了妈妈一下。这时，天翼已经穿上了外套，就像没发生什么事似的，跟着妈妈一起走向停车场。

满足未必就会快乐

快乐是孩子出生以后就产生的基本情绪之一。最初，他的需求得到满足就会高兴、快乐，被拒绝就会不高兴、不快乐。但随着孩子渐渐长大，他的需求得到满足后未必就会快乐，就像得到了玩具飞机的颢颢却不快乐，而没有得到玩具飞机的天翼仍然很快乐一样。可见，一味地满足孩子的需求未必能使孩子获得真正的快乐。人的欲望是无止境的，满足欲望的现实条件却是有限的，所以欲壑难平的人往往不快乐，甚至是痛苦的。

快乐有高低品位之分

快乐虽然有无处不在的多种形式，但是也有高低上下之分。只顾自己不顾他人的快乐是自私的，为了他人不顾自己的快乐是高尚的，自己和他人都兼顾的快乐是共享的；只顾眼前不顾未来的快乐是短视的，只顾未来不顾眼前的快乐是苦闷的，眼前和未来都兼顾的快乐是智慧的。从这个角度来说，快乐几乎很少孤立存在，总是与人的其他素质共存。它不仅是一种愉悦的感觉，更反映了一个人的修养和智慧，所以快乐不是一时的、简单的激情，而是永久的、深刻的品性。

◦眼前快乐与长远快乐之分

眼前快乐具有很大的诱惑性，因为它能立即满足人的需求，但它常是非理性的，使人目光短浅；长远快乐比较理性，符合人的长远发展需要，但它需要排除干扰因素的影响。例如，小孩子撒野、耍赖、要挟可以换来眼前快乐，却有损于良好的习惯与性情；学生沉迷网络游戏是眼前快乐，但他荒废了学习文化知识的最佳时期；大人抽烟、酗酒和吸毒是眼前快乐，却严重危害身体健康。所以，家长要帮助孩子认识眼前快乐与长远快乐的差异，提高快乐为孩子带来的积极效益。

◦独享快乐与分享快乐之分

家中只有一个大苹果，独享快乐的孩子自己吃得精光，不管不问别人是否需要；分享快乐的孩子关怀别人的需要，邀请每个人都品尝一些。如果家长过多地支持孩子独享快乐，将会为孩子的未来酝酿人生苦果，因为这样的孩子不会体察人心，日久必然不得人心，那个时候独享的就不是快乐了，而是孤独与寂寞。

◦利己快乐与利他快乐之分

人性高尚之处在于，不仅满足自己的需要是快乐的（利己快乐），而且满足他人的需要也是快乐的（利他快乐）。例如，社会上许多岗位涌现的义工、志愿者、捐助者和公益活动者，其中许多人并不是自己的能力绰绰有余才去帮助别人，而是因为他们追求的利他快乐本身就是真诚的、不图回报的。家长要逐渐提升孩子的利他快乐意识，从而使他摆脱私欲加在心灵之上的沉重负荷，轻轻松松地享受快乐。

培养快乐情绪的策略

◦ 延迟满足有助于长远快乐

延迟满足是孩子能够控制自我欲望和需求、摆脱眼前利益吸引并恢复平衡心态的能力。例如，放学回家的孩子饿了想马上吃零食，妈妈跟孩子商量："你已经知道饭前吃零食对身体不好的道理，现在需要等待20分钟就能吃饭，你能忍受吗？"从生理角度来说，孩子能够忍受20分钟的饥饿，现在就看孩子有没有毅力和好办法做到这一点。妈妈可以提示孩子做一些轻松的事情打发时间，例如看看书、听听歌曲等。这样能锻炼孩子的自我延迟满足能力，进而享受身体健康带来的长远快乐。

◦ 合作性的活动有助于分享快乐

很多活动或者游戏只有靠合作才能顺利进行，例如下棋、打球、讲笑话等，对这些活动感兴趣的孩子常常合作性好，分享快乐比较多。家长特意安排分享快乐的生活环节对提升孩子的快乐品位非常有效。如果一家人养成了分享的习惯，孩子自然乐意跟家长交流，也乐意倾听家长的建议。

◦举手之劳有助于利他快乐

普通的生活毕竟平淡，没有频繁的惊天动地之事考验人的精神境界，但是日常生活琐事同样可以培养孩子为他人着想的心思与能力。举手之劳既方便了别人，又不使自己陷入麻烦和困境，是值得提倡的利他快乐。例如，孩子正在看电视，音量放得较大，这时爸爸的手机响了，妈妈要提醒孩子把音量关小，给爸爸接听电话提供方便，让孩子体会到暂时忍受自己的不便却给他人带来了方便，也是快乐的。这样以举手之劳帮助别人是人人都能做到的事情，但未必人人都会去做，关键的原因是未必人人都能意识和体验到举手之劳所蕴含的快乐情绪。

◦美德最终带来快乐，帮助孩子树立美德

你是否发现孩子太计较，不像人家的孩子那么大度宽容，因而爱生气？你是否发现孩子比较懒散、不专心，不像人家的孩子那么有耐心，因而爱泄气？你是否发现孩子比较倔、爱顶嘴，不像人家的孩子那么体贴，因而爱气恼？同样一件事情，孩子之间的快乐感受有天壤之别，其中的主要原因正是孩子的美德修养不同。受点委屈、吃点亏没什么，这是因为孩子拥有了宽容之心；坚持到底、专心做事，少玩一会儿没什么，这是因为孩子有责任心；耐心倾听、关爱他人，自己忍受一会儿没什么，这是因为孩子有体恤之心。可以说，德高者快乐，德高者智慧，他能超越别人感觉损失的懊恼，走出别人感觉平淡的苦闷，从中体验为别人快乐而快乐，为感受生活而快乐。所以，帮助孩子树立美德，是让快乐扎根的教育。

◦希望照亮快乐，为孩子设置合理的期望值

我们的很多快乐来自希望实现了，很多不快来自希望落空了。家长总是给孩子提出努力的方向和希望，所以是否具有合理的期望值决定了孩子是否能得到努力的快乐。期望值过高，快乐的光辉就比较微弱；期望值过低，快乐的光亮过于炫目。对于未来的快乐在哪里，孩子就会产生迷乱。所以，家长的期望要符合孩子的实际水平，给孩子提供的帮助也应当是适度的，既不是家长包办代替，也不是家长只提出希望和要求，剩下的就不管了，出现问题则由孩子负责。家长积极参与孩子的努力过程，会让孩子感到安全、被鼓励和快乐，希望之灯才会越来越亮，快乐的光辉将始终陪伴着孩子。

◦心理平衡需要调节，丰富孩子的生活方式

美德与希望是点燃快乐的长久之计，但是生活中常常会遇到这样那样的矛盾与问题，会暂时中断人们的快乐体验。这时需要人们迅速启动心理调节机制，尽快恢复心理平衡，让快乐再次回到身边。对于孩子来说，家长要丰富孩子的生活方式，为他提供调节心理平衡的载体。有的孩子喜欢技艺型的小活动，例如画画、唱歌、弹琴、手工、下棋、玩牌等；有的孩子喜欢竞技型的大活动，例如打球、踢球、跑步、游玩等；有的孩子喜欢安静地读书。这些活动都在帮助孩子走出烦恼、放松心情方面有重要的心理调节功能，否则孩子不高兴了，不知道自己能做什么，只能耷拉着脑袋、拉长了脸让家长看着，那家长才感觉窝心呢！所以家长要培养孩子创造快乐的能力，学会自己寻找快乐的渠道。

○ 幽默是快乐的润滑剂，营造欢快的家庭氛围

亲子具有血缘关系，快乐的纽带应该把彼此系得更加牢固，但是事实与调查发现并非如此。有研究表明，很多家长缺乏童心，孩子想跟家长玩，家长却不跟孩子玩，久而久之，亲子关系越来越疏远，直到产生代沟。所以，要改变父母忙于工作和家务的现状，家长应抽出时间与孩子“胡说八道”一回、“胡作非为”一回，放松地玩成一团，营造幽默的家庭氛围。另外，亲子共看一部电视剧、共读一本书，是增进话题交流和“侃大山”的通常渠道，常常能令人开怀大笑。所以，幽默是快乐的润滑剂，它零零星星地存在于生活细节之中，让人在平凡中搞笑，在平淡中快乐。

02 乐观

• 精选案例

张女士不明白自己仅5岁的女儿为什么总小心眼、爱生气，平常什么事情都得顺着她，稍微不如她的意，就会生气。例如，吃饭的时候，本来已经做好了米饭和稀粥，可她不想喝粥，非得喝饮料不可，妈妈劝她吃完饭再喝，她就不愿意，接着就是哭，连饭也不吃了，搞得这一顿饭

大家吃得都不愉快。周末也是这样，如果她想去的地方不方便去，她马上就不高兴了，大人得花很长时间、费很多口舌才能把她哄高兴。妈妈担心这孩子是不是抗挫折能力太弱了。怎么才能让孩子变得开朗乐观呢？

乐观是面对不如意、不顺利的挫折情境仍然保持积极情绪的心态。在现实生活中，成功、顺境和挫折、逆境都是常态，挫折与逆境是挑战和锻炼孩子乐观的舞台。大人和孩子都会遇到挫折，只不过善于渲染心事的成人会把自己的困难描述为“风风雨雨的波折”，而不善于表达心情的孩子所遇到的困难常常被成人忽略为“鸡毛蒜皮的琐事”。其实将心比心，成人的心已经被岁月磨出了老茧，幼儿的心是迎春萌发的蓓蕾，一件很小的事情就可能挫败孩子的自信心，让他情绪低落，心里痛苦，甚至悲观失望。所以家长要重视一些孩提之事给孩子带来的挫折感，并抓住时机培养孩子的乐观品质。

影响孩子乐观的关键事件

◦ 由身体素质带来的挫折

孩子越小，身体抵抗力越弱，长期体弱多病的孩子总是被疾病困扰，许多游戏和快乐的事情都不能充分参与，眼看着同伴叽叽喳喳、生龙活虎的样子，孩子着急，家长也着急。因此，加强营养保健、生活照顾、锻炼身体，是孩子抵抗挫折、建立乐观性格的基本保证。

◦ 由家长带来的挫折

家长在不经意间会让孩子品尝挫折感：为了安全起见，限制孩子活动的自由；为了训练孩子乖巧听话，忽略了他的心理需求；孩子做错了事情，家长的批评过于严厉；当着众人的面否定孩子，伤了他的自尊心；对孩子的期望过高，使他无力企及；做事不成功受到家长的责备；表扬其他孩子，使自己的孩子感受到冷落；家长心情不好，对孩子莫名其妙地发火等。

◦ 由同伴带来的挫折

同伴掌握某种技能而自己没有掌握；想与同伴交往却遭到拒绝；与同伴发生争执而处于下风；同伴之间“拉帮结派”而自己被排斥；被攻击性较强的同伴欺负；同伴无意的行为对孩子造成侵犯等。

◦ 由老师带来的挫折

老师关注个别孩子的特殊需要，而自己没有得到这种特殊待遇；老师不公正的批评和责备；老师表扬其他孩子而自己没有得到肯定；老师对孩子的态度忽冷忽热；孩子想与老师交流，老师却心不在焉或者不耐烦等。

◦ 由个人生活带来的挫折

在活动中，孩子的求知欲很强，遇到新奇的事物和活动就想探个究竟，却无奈基本知识和技能以及生活经验不足，不能熟练地操作玩具或玩游戏，于是产生挫折感；在生活上，幼儿很想自己的事情自己做，但有时是家长不让做，有时是自己做不好，于是沮丧、灰心在所难免。

这里不可能一一列举孩子遇到的所有困难和挫折，但足以看出孩子的生活并不像成人想象的那样一路平坦、一帆风顺，也有许多坑坑洼洼、大小波澜考验和锤炼着孩子面临困境时的乐观、坚强、忍耐等品格，以及自我调节或者应对困境的能力。家长要带领孩子顺利地驾驭以上一个又一个关键事件，孩子的乐观品质就会慢慢建立起来。因为克服这些困难就像在田径赛场上进行跨栏跑步，越过了一个个障碍物，人的才能和意志就一步步提升；如果被障碍物绊倒趴下了，待在原地不动，本来具有的生命潜能被泄气、懊悔、埋怨、恼怒紧紧地包裹着，人的才能和意志就不会增强。

培养孩子乐观的策略

每一次挫折都使孩子面临发展的机遇，家长要善于抓住教育时机，使孩子在一次一次的挫折事件中培养起自信、乐观的品质。

◦ 让孩子有充分的成就感

面对挫折，如果想让孩子感觉自己有勇气克服困难，就需要他曾经有过成功的体验，这样他才能涌现乐观向上的积极心态，所以孩子在日常生活中积累的成就感对乐观品质的形成非常重要。孩子做错了事能够得到家长的谅解，做对了事能够得到家长的赞赏，是孩子获得成就感的重要源泉。当然，这种成就感不是家长“白送”给孩子的，应该是孩子经过自己动手尝试而获得的，是孩子经历了一番动脑思考而获得的。如果是轻而易举讨来的成功，或者耍赖要挟得到的成功，都不能产生真正的成就感，也无助于孩子自信乐观品质的培养。

◦ 提供具有适度挑战的游戏

根据孩子的发展水平选择难易适度的游戏，也是培养乐观心态的好办法，请注意难度不要太大。例如，有一种游戏是“钓鱼”，是用磁铁相吸的原理锻炼孩子手眼协调能力。先观察孩子能够钓着鱼的基数，然后鼓励孩子每次多钓出一两条鱼，或者渐渐加长渔线的长度，让孩子耐心地对付晃动摇摆的渔线。在游戏过程中，可以让孩子对自己说：“我一定能钓好多鱼。”自信和乐观便在与“鱼”的较量中建立了。

◦ 通过交流解释，培养基本智能

乐观是指面临困难充满信心、精神愉快的状态，主要体现为一种积极的情绪、情感，但它要求一个人具有一些基本的智能才能产生。对于孩子来说，能够依赖想象力和对未来的展望，忍受眼前的不适应；听得懂和相信大人的劝告，调整自己的需要；在情绪与理智的较量中，能够较为成功地摆脱情绪的控制；抽象思维有了一定的发展，能够预见事物的未来发展趋势……与乐观相关的这些心理素质要逐渐健全，孩子的乐观情绪才能发展。所以，家长平时要耐心与孩子交流，善于跟孩子解释，提高孩子的理解能力，增进孩子的理性，帮助孩子梳理情绪化所带来的迷惘与困惑。

◦ 通过动手练习，培养基本技能

很多情况下，孩子是因缺乏经验和技能而失望、泄气。对此，家长有针对性地培养技能即可。当然，这里不包括太专业化的技能训练，例如艺术和英语的考级，而是指孩子平常遇到的生活、游戏和社交等普通技能，因为单项技能训练并不能让孩子应对复杂多变的困境。

◦ 让孩子有获得援助的安全感

形单影只面对挫折会让人产生孤独、无助、为难和悲伤之情，对于年幼的孩子更是如此。家长既不宜对孩子百依百顺，也不宜袖手旁观，要对孩子保持关注、鼓励和支持的态度，让孩子觉得自己没困难可以放手尝试，有困难可以放松求助，这样支持性的家庭关系给孩子带来的安全感，会促使孩子的一生都乐观地面对挫折。

◦ 不宜怜悯、迁就或者训斥

孩子遇到困难而有沮丧表现的时候，有的家长产生怜悯之情，要么代替孩子完成任务，要么完全迁就孩子放弃努力，有的家长则厉声批评孩子甚至体罚。这些极端行为都使孩子无法形成自信和乐观的性格。正确的做法是给予鼓励的话语和一点点的技术支持，教育孩子坚持到底，体验经过努力克服困难所带来的自我效能感。

◦ 不向孩子宣泄垃圾情绪

有的家长在外面受了窝囊气不敢发泄出来，回来便对孩子发无名火。这种情况特别容易打击孩子的自信和乐观，因为孩子会把家长的恼火归咎为自己的错误，但他又不知道错在哪儿，只好全盘否定自己，长久下去容易让孩子自责、退缩，并蔓延为隐约却牢固的消极心理氛围，淹没孩子的乐观。因此，家长遭遇困难时的乐观心态，对培养孩子的乐观品质至关重要。

03 幽默

• 精选案例

一天，妈妈在外面做完新发型回到家，高兴地问宝宝："妈妈的样子漂亮不漂亮？"宝宝看了一眼，没有给出妈妈渴望得到的答案，说："丑八怪，妖怪，怪兽。"爸爸听了，笑得前俯后仰。妈妈的脸一下子红了，命令孩子："说妈妈漂亮！不说妈妈漂亮，妈妈就不跟你玩了！"宝宝还是说："丑八怪，妖怪，怪兽。"妈妈就拧了孩子的小脸，孩子哭了，爸爸见状赶紧把妈妈拽开了。妈妈也哭了："你们合起伙来气我！"爸爸劝她："小孩子的话你也当真！你到底是孩子还是大人？"其实，这位妈妈把孩子的话当真而惹出来的不快，是因为缺乏幽默感，不接受孩子联想创编的幽默。

幽默三成天生，七成培养

幽默感是一个人很多优点的“结晶”：聪明、智慧、乐观、开朗、纳人悦己……同时，它对人的实际生活和事业发展具有高效能意义。从生活幸福的角度来说，幽默感更让人在现实生活中得“实惠”。有的人并非样样出色，并非不遭遇挫折，但他总能把自己调整到幸福美好的人生状态，这是做人的智慧。这样的人找到了一个俯视人生酸甜苦辣的制高点。

研究发现，人的幽默感大约三成是天生的，其余七成则需靠后天培养。每个人天生都具有“幽默细胞”，只不过不同的家庭环境和生活阅历使幽默感在每个人身上的“含量”渐渐拉开距离——有的孩子在成长的过程中把它发展成良好的幽默性格；有的孩子幽默感刚刚萌生就被扼杀了，成为一个听不懂笑话，也不会解开生活困境的“小大人”。

培养孩子幽默感的良策

◦玩“藏猫猫”游戏

小宝宝对“藏猫猫”的游戏百玩不厌。3岁前的宝宝玩这个游戏的时候可能犯掩耳盗铃、“此地无银三百两”的错误，非常有趣。他们可能趴在地上，即使被爸爸妈妈发现了，还是闭着眼睛不抬头，反正自己没睁开眼睛，就不算被爸爸妈妈发现了。他们不理解声源能够暴露隐藏地点的道理，会大声说：“我在这儿！”“你找不到我！”在这种情况下，爸爸妈妈不要扫孩子的兴，可以假装找不到，把游戏持续的时间拖长一些，让孩子玩得尽兴。

◦ 做怪样子

孩子对反差比较大的事情容易产生幽默感，我们常常发现孩子喜欢穿大人的鞋，就是他们主动体验幽默的常用“伎俩”。再比如，妈妈戴爸爸的大手套，他也会觉得滑稽可笑；大人把钥匙挂在耳朵上，把塑料小筐顶在头上，把塑料袋包在脚上……总之，凡是一些不各就各位的怪样子，都会引发宝宝的幽默感。

◦ 唱颠倒歌

2岁以后的宝宝就能够从事物之间的不和谐性发现喜剧效果，从违反常理的不合逻辑中感受幽默。有很多类似的儿歌，如果唱给孩子听，就会把宝宝逗得哈哈大笑，并且可以使他慢慢从中体会意味悠长的幽默效果。

◦ 模仿游戏

孩子喜欢模仿，也喜欢看大人模仿，学做一些动物的举动，比如企鹅、鸭子、小鸟、小鸡等，都能激发孩子的幽默感。家长可以与宝宝一起比赛，看谁学的小动物多，孩子一定会乐此不疲。有的孩子还喜欢模仿爷爷奶奶、电视模特或广告形象的样子，并且希望自己的模仿秀得到爸爸妈妈的欣赏。爸爸妈妈不妨留出宽裕的时间与宝宝共享幽默的欢乐。

◦ 泛灵化语言

孩子具有泛灵性的特点，就是说他把世界上的一切事物都看作有生命的、能与他的童心对话和交流的，所以家长常常见到孩子与一些无生命物说话。他还可能认为童话和动画片中的一切事物都能唱歌、跳舞、说话，乐于接受爸爸妈妈用拟人化的语言交流谈心，这是孩子特有的幽默感。一个宝宝在厕所里大便还在幽默地思考问题：“妈妈，你知道为什么一拉屎肚子就疼吗？我知道。快拉屎的时候，屁眼对肚子说：‘快让臭臭出来。’肚子说：‘我就不！’屁眼说：‘你再不让臭臭出来，我就把你搞疼！’肚子说：‘好吧好吧，我让臭臭出来。’你看，现在臭臭出来了，我的肚子就不疼了吧！”宝宝的幽默让妈妈忍不住哈哈大笑。

◦ 学会解嘲

当宝宝遭受挫折的时候，用泛灵化语言劝慰宝宝，让宝宝破涕为笑，是培养他乐观、自信的好时机。当宝宝学步摔倒时，家长冲着他做个鬼脸，还可以指着地上的小石子或者脚上的小鞋说：“是不是你在调皮捣蛋，让宝宝摔倒了，宝宝下次可要认清你了。”教宝宝学会幽默地解嘲。

◦ 接受孩子“幽大人一默”

幽默是趣味横生的智慧共鸣，使创造与品味的双方都感到身心愉悦，既能达到“逗你玩”的效果，也具有“逗自己玩”的乐趣，是双方配合默契的表现。大多数家长都会“幽孩子一默”，逗宝宝玩。其实，宝宝也会“幽大人一默”，逗爸爸妈妈玩。这时候，幽默的家长会接受并呵护孩子的幽默，而缺乏幽默感的家长则可能觉得自己被孩子“戏弄”了，是孩子“大不敬”，于是给孩子“泼冷水”，也就遏制了宝宝的幽默感。例如，一个小男孩在幼儿园学会背一些唐诗。一天，外公低着头择菜，他指着外公的头发说：“白毛浮绿水。”外公的头发稀少、斑白，而且秃顶，平时总想办法“遮丑”，现在被外孙用诗歌“揭短”了，不但不生气，反而嘿嘿地笑。就这样，孩子的幽默感被慈祥的外公保护了，并且进一步得到成长。有一天，他又用夸张的修辞法描述外公的头发：“黄河入海流。”因为这一天，外公对着镜子把自己少有的几根头发都梳到一个方向，可不就是具有“黄河入海流”的气势嘛！假如外孙的胡言乱语被认为是“大不敬”，那么他的幽默感就得不到保护，也没有机会发挥了。

◦ 防止“变味儿”的幽默感

幽默感是一种有品位的情趣，而不经过修剪的幽默感有时会发展为“人来疯”，有时甚至是嘲笑、戏弄他人的恶作剧行为。例如，有的孩子学残疾人走路，虽然纯属逗乐，无心戏弄他人，但是家长需要及时跟孩子讲清楚尊重他人的道理。

总之，孩子的幽默感发挥得好、健康、与场合相适宜，家长就要用大笑、拥抱来肯定他；如果有时孩子的言行不妥当、不健康，就把他拉到一边说句悄悄话，提醒他终止。

04 兴趣

精选案例

乐乐上幼儿园小班，幼儿园有轮滑和画画兴趣班，乐乐的妈妈给他报了这两个班。轮滑是他自己要求上的，因为他喜欢活动；而画画是妈妈要他上的，因为他是个男孩，爱动不爱静，注意力集中的时间比较短，上课总是心不在焉、东张西望的，妈妈希望通过学习画画提高他专心学习的能力。但是，虽然乐乐已经上了两个月的画画兴趣班，却没有画出一张像样的画。上课的时候他坐不住，老师讲的话他也听不进去，画画的时候只是拿起笔在纸上随便画几下，不能坚持把作业画完。可是到轮滑班的时候，他学得可欢了。怎样培养乐乐对画画的兴趣呢？孩子对需要安静、坐得住的学习活动不感兴趣，怎么办呢？

孩子的兴趣有自身的特点

◦ 直接兴趣不需要培养

兴趣多种多样，根据兴趣是由事物本身还是结果引起的，可把兴趣分为由事物或活动本身引起的直接兴趣和由事物或活动的目的与结果引起的间接兴趣。孩子的兴趣以直接兴趣为主，这是孩子出生之后首先产生的自然兴趣，不是刻意培养出来的，例如乐乐对轮滑的兴趣。家长可通过观察发现这类兴趣。随着孩子渐渐长大，他的需求越来越丰富，追求目标和结果的意识也越来越强烈。他还会产生大量的间接兴趣，这些兴趣可能是他有意追求的，也可能是接受了家长和老师的引导才产生的。

◦ 间接兴趣需要培养

如果凡事都能顺应孩子的直接兴趣，是再好不过的事，但事实不可能如此。因为每个人的直接兴趣是有限的，而每个人的发展任务又是多样的，仅停留在少数几个兴趣对象上是狭隘的，对孩子全面和谐的发展也有不利影响。因此，培养孩子的间接兴趣是很有必要的，但要注重培养方法。培养兴趣的方法主要指根据孩子的心理发展规律培养间接兴趣，而不是直接兴趣。

◦ 不同兴趣的注意时间差别很大

有的家长说，孩子学习根本坚持不了多久，但是让他玩或者看电视，他就不知道累。这不是孩子的缺点，而是孩子的特点。

兴趣由快乐、好奇和注意组成。直接兴趣与间接兴趣在注意时间上差别很大。直接兴趣调动的是孩子的无意注意，也就是不需要努力和意志而轻松产生的注意。这种注意时间很长，在不被打扰的情况下，无意注意一直持续到孩子生理上自然产生疲劳为止。间接兴趣调动的是有意注意，也就是有目的、有任务、需要努力而达到的注意，即孩子不管喜不喜欢注意对象，都要为了完成任务或遵守某些要求而控制自己的注意时间。一般情况下，5～7岁孩子的有意注意时间为15分钟，7～10岁为20分钟，10～12岁为25分钟，12岁以上可达30分钟以上。可见，有意注意时间的长短受身体机能的限制，不能随意无限延长，否则容易导致孩子多动。家长可以半分钟或1分钟为进度延长孩子的有意注意时间，孩子达到一个目标以后需要保持一段时间，再提出新的目标，而不要以为进度越快、注意时间越长对孩子越有好处。

◦ 以不稳定兴趣为主

孩子的兴趣具有不稳定的特点。兴趣从低到高分为有趣、乐趣和志趣三级水平：初级水平的有趣持续时间比较短暂，是由事物的新颖性引起的；中级水平的乐趣具有稳定性、专一性和自发性的特点；志趣是兴趣发展的高级水平，与人的崇高理想和远大志向密切相关，具有持久性、社会性和自觉性的特点，很多作出杰出贡献的人都有深刻的志趣。2～4岁孩子的兴趣发展水平大多处于有趣阶段；5～6岁的孩子会产生乐趣倾向，但对孩子来说，能产生真正志趣的还较少。因此，如果孩子一直对某种活动很感兴趣，父母也想培养他这方面的才能，就需要在孩子兴趣的稳定性上多下点儿功夫，并在孩子上学以后注意培养他的理想和志向，引导他对该活动产生志趣。

培养孩子兴趣的良策

◦ 尊重孩子的兴趣

孩子最初的兴趣以自然的直接兴趣为主，家长是无法干预和强迫的。所以只要有益于孩子的身心健康，不管家长喜欢不喜欢，符合不符合家长的愿望，都要尊重孩子的兴趣，就像成人之间相互尊重一样，不要随便打扰孩子，不要按照成人的标准要求孩子。例如，孩子玩沙、玩水、玩土通常很专注，家长应当只在旁边做必要的健康与安全保护，随他玩个够，不要因为不卫生而打断和阻止他；当孩子正在专注地把玩一个小物件，家长最好只在一边观察，不要随便插话或插手分散孩子的注意力。只有孩子得到父母的充分尊重，他的兴趣才会健康地发展。

◦ 以有趣的方式培养兴趣

虽然孩子以直接兴趣为主，但家长并不能随孩子的便，任其想学就学，不想学就不学，这样会使孩子形成浅尝辄止的不良倾向，所以家长还要想办法在维护孩子直接兴趣的同时调动他的间接兴趣。兴趣的维护和调动要以童趣为支撑，即家长在玩中增添童心，以孩子喜欢的方式培养孩子的兴趣，而不是自以为是地强迫孩子。这就需要家长借助孩子喜欢的游戏和玩具，在玩中调动孩子的学习兴趣。

有一个孩子从小就喜欢玩车、船、飞机、大炮、手枪，不喜欢认字。妈妈教他认字，他不跟着念，妈妈批评他，他就哭，两个人弄得一团糟。后来，爸爸想了一个办法：他在纸上写了一个大大的“枪”字，让儿子猜猜这是什么。爸爸说这个东西就在玩具柜里，儿子找了几个没找对。爸爸说："砰！砰！""枪！"儿子高兴地说。他还要玩这个游戏，于是爸爸又写了几个字。这个游戏连着玩了几天，孩子认识了五六个字。

◦ 学习过程比结果重要

孩子的兴趣水平比较低，以外在的、短暂的有趣为主，所以在最初的学习过程中，家长不宜要求孩子学得有多好，他学多少是多少，学习结果不令人满意也没有关系，因为兴趣、快乐比知识、结果更重要。如果严格要求孩子学到"第一""最好""出众""考级水平"，会让他感到很大的学习压力，久而久之，他可能产生厌恶学习的态度。

对孩子使用物质奖励的办法也只能取得暂时的效果，而且总用物质来贿赂孩子，会让他养成依赖物质奖励的不良习惯。奖励时要以一定的物质奖励为辅，以精神奖励为主，例如给孩子一个拥抱和亲吻等。而孩子兴趣的最高境界是对事物本身的兴趣和爱好，并不需要以物质或精神奖励为诱饵。

◦ 适当参与孩子的活动

人的耐性强弱和注意力长短与人对事物的感兴趣程度息息相关，而感兴趣与否在于他对事物是否还有新发现。当孩子对玩具不再感兴趣，那是因为他玩不出新花样了，需要父母及时地参与进来，与他一起变着花样玩，吸引他的兴趣和注意力。另外，父母还可以观察孩子最爱玩的是什么游戏，并积极地参与进来，想方设法延长游戏时间，加强孩子神经中枢的兴奋与抑制机制，促进孩子生理机能的发育。

◦ 不要随便打扰孩子的活动

如果孩子正在专注地玩耍和游戏，那是他自主发展注意力的过程，成人要把它当成严肃的工作，并对其抱有一种尊重的态度，不要轻易打断他，只在旁边做必要的健康与安全保证就行了。

◦ 培养多种兴趣

虽然兴趣班多种多样，但是孩子的很多兴趣是兴趣班所不能满足的。不要忽略了孩子对阳光、空气、小草、石子和山水的兴趣。孩子爱玩的水、沙、泥具有非结构性的特点，特别能够开发孩子的想象力和创新能力。大自然的变化规律和物质特性也需要孩子广泛涉猎。但现在的兴趣班主要是学艺班和室内活动班，除此之外，孩子还需要大量的动手操作机会和观察体验机会，其发展价值丝毫不低于兴趣班。

TIPS

兴趣班要针对孩子的“兴趣”

幼儿园兴趣班本身就是家长多元化需求的产物，家长为孩子报兴趣班的初衷差别很大，有的是为了发挥孩子的长处，有的是为了补孩子的短处，有的则可能是随大流，也有的反对为孩子报兴趣班。以上想法都反映了家长在教育孩子问题上的某种观念、愿望或需求，具有一定的道理，但是家长应该注意把自己的愿望与孩子的兴趣结合起来，这才是解决问题的关键。

◦ 理性认识兴趣班

并不是所有兴趣班都能培养孩子的兴趣，相反，有些兴趣班的宣传是为了迎合部分家长的想法，诸如培养孩子的特长，对孩子进行大量的训练，有的科目还要考级，这些做法可能对孩子的兴趣有伤害。兴趣班的最终目的应该是培养兴趣，而不是培养特长。对孩子过度进行特长训练有害无益，因为孩子并不是学的时间越长越好，技能越精深越好，这是成人化的教育倾向。真正有益的启蒙教育应该使孩子在知识和技能上有粗浅的认识与学习，但是在兴趣、热情、好奇、想象力和创新意识上有较好的发展。例如，美术教育不应该只是大量的临摹，音乐教育不应该只是机械地学弹、学唱、学跳，应该以培养幼儿对艺术的感受性、参与性和创造性为目标。同时，不要在家里让孩子过分复习，三四岁的孩子最多学习20分钟即可。如果孩子的学习进步不大，家长不要对孩子着急上火，因为每个孩子的学习速度和学习风格不一样，要耐心等待孩子的自然成长。

05 幸福感

• 精选案例

鹏鹏从1岁多开始就是个小汽车迷，现在他已经2岁半了，对汽车的专业知识和热爱与日俱增，不管是图片还是实物，他都能相应地说出汽车的名称和原产国。当然，由于语言发展所限，他发明了一些富有个人特色的代替词汇，如：说不好“千里马”，就用“马马车”代替；说不好“奔驰”，就用“驰啊驰”代替。有一天，爸爸妈妈带他去商场，他又在汽车玩具柜台前停下不走了。原来他发现了一个新型的“驰啊驰”，就看着这个汽车不停地呵呵笑。妈妈问：“你为什么笑？”他说：“我笑这车。”“这车怎么啦？”“漂亮！”“你想要不？”“想要！”“给你买一个吧？”“不买，家里有了。”可是临走的时候，他还要跑回柜台再看一下，嘿嘿笑笑。售货员惊讶地说：“这孩子像个小大人，真懂事！”

平时走在路上，要是看见别人吃或玩什么新鲜玩意儿，鹏鹏会站在那儿一动不动，眼睛直勾勾地望着人家，还问：“这是什么？”如果别人给他，他却不要。可转过身来，他还会问妈妈：“这是什么？”妈妈给他买了他才会吃。有时他也会主动说：“咱也买吧！”邻居几个老人夸鹏鹏：“这孩子长大有出息！”

渐渐地，鹏鹏开始有了自己的幸福观，他总结道：“妈妈，你说什么最舒服？拉臭臭的时候肚子疼、不舒服，拉完就舒服了；睡觉的时候不想睡、不舒服，睡着就舒服了；弹琴的时候累、不舒服，弹完就舒服了。”总之，他体验并明白了能忍得一时之痛将会获得更大的幸福感！

幸福比快乐更重要

鹏鹏产生了拥有“驰啊驰”的愿望，如果妈妈给他买一个，当时他的愿望立刻能够得到满足，他的感觉一定更加快乐；如果妈妈鼓励鹏鹏接受别人给他的东西，当时他的愿望也能立刻得到满足，他的感觉也一定更加快乐。但如果事情照此发展的话，鹏鹏就缺乏了感受幸福的体验和能力，而且这种感受是不依赖物质而存在的，也不是稍纵即逝的快感，而是克服眼前困难、在心理上战胜自我的巨大胜利以及由此带来的自豪和成就感。可见，得到很多快乐的孩子未必产生了相应的幸福，快乐本身并不意味着幸福。

快乐是建立在健康的身体和心理需求基础之上的自然感官享受，幸福则是超越自然感官限制而获得更大价值的精神愉悦。可见，感受快乐比感受幸福所需要的能力低级多了，孩子只要拥有健康的感官功能和自然的身心需求，一旦得到外界的满足，快乐就到手了。可孩子与外界相互作用的时候，未必总是有求必应，当来得快、去得也快的快乐不翼而飞，有的孩子就可能与各种消极体验“结盟”：生气、苦恼、急躁、焦虑、紧张、愤怒、攻击、赌气……

可是，有幸福感受能力的孩子会调动各种积极因素来摆脱困境：他发挥想象力幻想一件比眼前更美的事物，自言自语编一则故事逗自己笑，摆弄一下其他玩具分分心，或者干脆“顾左右而言他”……他总有办法让自己快乐起来，因为快乐主要来源于自己的心里而不是外面的世界，做到这一点的孩子就与幸福感“手牵手”了。可见，快乐是靠不住的，幸福感才靠得住。家长不仅要奉送给孩子快乐，更要培养孩子感受幸福的能力。

培养幸福感的良策

◦ 重新积极评价有助于体验幸福感

幸福是一种主观感受，与人们对事物的认识和评价密切相关，不同的人对同样一件事情会因为评价不同而产生不同的情绪体验。例如，本来打算第二天出去郊游，起床后却发现下雨了。对于下雨这件事，有人认为自己真倒霉，待在家里真无聊，因而过了一个了然无趣的周六；有人则认为既然下雨了，就在家里看书吧，难得一天清静好好读书，因而过了一个相当不错的周六。可见，所谓倒霉、挫折、痛苦、不幸、逆境并不一定会让人消极，关键在于是从消极还是积极的角度来认识这些现象。

人们通常以为成人才有这种积极的思维水平，孩子则是“身在福中不知福”，更别提这种灵活、成熟的自我调节能力了。实则不然，鹏鹏说：“拉臭臭的时候肚子疼、不舒服，拉完就舒服了；睡觉的时候不想睡、不舒服，睡着就舒服了；弹琴的时候累、不舒服，弹完就舒服了。”这就是孩子重新进行积极评价而产生的幸福感。可见，平时家长多多示范和引导孩子从积极、正面的角度看待各种不期而遇的挫折与困难，是培养孩子幸福感的惯常方法。

◦ 延迟满足是感受幸福的核心能力

幸福感不仅仅是一种感觉，还是一种能力，其中延迟满足是感受幸福的核心能力。延迟满足是培养孩子在逆境中受到挑战，为了更有价值的远大目标而暂且忍耐眼前不悦并想办法克服内心矛盾的有效办法。这种能力并不需要多大的挫折与不幸才能锻炼，生活中许多常见的事情都足以培养孩子的延迟满足能力。

TIPS

糖果实验的启示

1960 年，美国心理学家米卡尔以斯坦福大学附属幼儿园的孩子为实验对象，进行了一次糖果诱惑实验，来研究孩子的延迟满足能力。实验者将一群孩子留在一个房间里，发给他们每人一块糖，然后说：“我有事情要出去一会儿，你们可以马上吃掉这块糖，但如果谁能等到我回来的时候再吃，就能再得到一块糖。”对于孩子们来说，面对糖果的诱惑，时间既漫长又煎熬。有的孩子迫不及待地吃掉了；有的孩子一再犹豫，最后还是把糖送到了嘴里；其余孩子则用尽各种转移注意力的方式，让自己忍住没有吃糖。最后，这些没有吃糖的孩子真的得到了两块糖。这项研究一直追踪到这些孩子中学毕业，结果发现在那些延迟满足能力发展好的孩子身上，积极情绪远远多于消极情绪，而且调节消极情绪的能力强，对人也更为友善。他们学习时比较自觉，有克服困难的意志。可见，延迟满足能力是影响人生幸福感与未来成功的核心能力和优秀品质。国外的进一步研究还发现，4 个月大的孩子就开始萌发延迟满足能力，2 岁左右是孩子自我延迟满足能力迅速发展的时期。家长培养孩子这一能力的教育开始得越早，孩子在点点滴滴的日常生活中锻炼的机会也越多，感受幸福的心理品质也就越稳定、越成熟。

◦ 批评的时候不要伤害孩子的幸福感

经常自我感觉良好是幸福感的重要体现，然而孩子总会有找麻烦、惹是生非、故意捣乱、犯错误的时候，家长该批评拒绝的时候还得批评拒绝。尽管这在一定程度上会降低孩子的良好感觉，但如果没有达到严厉惩罚的程度，就不会伤害幸福感，仍属于教育孩子的正常手段。尤其是2岁以后的孩子懂得一些事理了，身体运动和语言表达能力也增强了，可能会尝试用一些方式来挑战家长的爱心和耐心，为自己争取更多的权益。可有些方式是不安全、不礼貌甚至蛮不讲理的，家长一定要拒绝孩子，但记住拒绝不等于惩罚。研究发现，惩罚也能培养孩子的延迟满足能力，但不是自我延迟满足能力，而是外在延迟满足能力，即大人在眼前时，为了逃避惩罚带来的不安，便在表面上服从大人，大人一走，他就恢复原样了。自我延迟满足能力是孩子内化了大人的要求，安心和乐意控制自己的行为规则，所以大人不在身边，他也知道应该怎么做。

拒绝就是明确而坚定地告诉孩子“不”，同时提示他更好的行为方式；惩罚则是对孩子所犯的错误本身特别关注，用大声训斥等方式使自己得到发泄，使孩子感到害怕，但是问题本身并没有得到妥善的解决。家长要把握好拒绝与惩罚的界限，让孩子在拒绝而不惩罚的教育方式中增长自我延迟满足能力。

◦ 经常与孩子一起及时总结感觉不错的事情

家长可以经常在晚间或者睡觉前，主动问问孩子：“告诉妈妈今天有什么好事？”孩子就会在平凡的生活中搜索，除了自己受到老师表扬以外，还会说些如某个问题今天举手回答得不错、某某小朋友今天很滑稽、与某某小朋友玩了一个开心的游戏、某某老师今天说了一件事等。经常与孩子一起及时总结感觉不错的事情可以提高孩子的生活满意度和自我满足感，因为幸福的事情不是贴着标签摆在那里等你去挑选，而是靠自己用心去感受。自己感觉幸福，一件平凡的事情也就有了幸福的含金量。这样长期锻炼下来，孩子在生活中的每一天都能找到幸福感，这种幸福感长期积累下来，就会形成稳定的阳光心态。

◦ 和谐美满的家庭关系是幸福感的基本保证

感受幸福的模式在家庭中是可以代代相传的。孩子以后的生活将跟现在爸爸妈妈的生活截然不同，但对生活的评价是幸福还是不幸福，亲子之间却有惊人的相似之处。一项调查报告发现，家长感觉婚姻关系和谐，孩子的自我延迟满足能力会发育得更好，这已经为孩子感受幸福奠定了核心能力。因此，积极营造和谐美满的夫妻关系、婆媳关系和邻里关系是成人与孩子获得幸福感的基本保证。

06 和气

• 精选案例

妮妮2岁10个月了，性子比较急而且很有攻击性。妈妈有时让别的小朋友还击她，让她体会一下被攻击的滋味，可是妮妮一边哭一边说："我用棍子把他们打个稀巴烂！"妮妮一有不太满意的地方就会大喊大叫，用一些话来发泄不满，如"你这个笨蛋""把你打得乱七八糟"等。上幼儿园以后，老师反映妮妮与小朋友之间有不顺心的事情的时候，她说话总是恶狠狠的，如"踢死你""揍扁你""你不想活了"等。妮妮说话这么难听，家长应该怎样帮助她改掉这个坏毛病呢？

和气反映孩子平衡的心态

平衡的心态、稳定的情绪最有利于孩子的身心健康，然而任何人的生活和心灵都不可能永远风平浪静。当遇到挫折的时候，有的孩子能够坦然处之；有的孩子则会情绪起伏，并以攻击性行为方式表现出来。孩子主要有两种攻击方式：身体攻击和语言攻击。4岁之前的男孩和女孩在攻击方式上差别不大，既可能采用踢、抓、揪、踩、打等身体攻击方式，也可能采用大喊大叫、恶狠狠地说话等语言攻击方式。4岁以后，男孩更倾向于身体攻击，女孩更倾向于语言攻击。孩子的攻击方式和程度虽然不同，但都出自一颗无法摆平情绪问题的心。当自己的意愿得不到满足的时候，孩子采取什么方式自我调整心态，取决于他的情绪智能发展水平和处理问题的能力。

精选案例

例1：自己不能摆平情绪问题的孩子

星星和辉辉在一个房间里玩，星星把汽车开得呜呜叫，辉辉想凑过来玩，星星却不让。辉辉就生气了："你为什么不跟我玩？我要你跟我玩！"他大叫两声，星星没理他。接着，辉辉开始进行抢夺，这一行为的意思是："你不跟我玩，我偏要玩！你还不跟我玩，我让你也没法玩！"家长过来把辉辉抱走了，但辉辉在家长的身上又扭又扯。

例2：自己能摆平情绪问题的孩子

梦梦在玩家长新买的娃娃，婷婷说："让我玩一会儿吧。"梦梦噘着小嘴说："不！"婷婷自言自语地说："你不跟我玩，我自己玩。"她自己玩起了过家家，自己快乐得有说有笑。梦梦被她吸引过来，想跟她一起玩，婷婷不但没有拒绝和"报复"梦梦，还说了一句："跟我玩有意思吧！"婷婷相当于用事实"教育"了梦梦。

可见，同样遭遇被拒绝的情境，婷婷的心理调节能力和处理问题技巧要比辉辉高出许多，她具有"儿童领袖"的品质，既能使自己镇定，也能影响别人，她的快乐感和成就感自然也是辉辉所无法感受到的。

培养孩子和气心态的良策

◦接纳和关怀孩子的消极情绪

当孩子出现攻击行为的时候，家长首先要做的事情是避免矛盾和攻击升级。因为孩子完全处于非理性状态，这时候批评教育反而使孩子的反应更糟糕。但这不意味着完全放任孩子，家长可以用亲切的语言接纳他，但用坚定的语气拒绝他。家长蹲下来跟孩子平静地说："妈妈知道你的心里很难过。"在接纳和关怀他的同时用坚定的语气继续说："但是妈妈不喜欢你那样说话（或踢打），我们能不能想想其他好办法呢？"孩子能读懂家长的语气和表情，他从家长那里既得到了情感支持，又受到了理性引导。

◦不要总是给孩子找"替罪羊"

孩子遭受挫折的时候是否采取攻击的方式，与他的归因方式有关，如果他总把自己失败的原因归向外界，就容易采取攻击行为。而孩子的归因方式又与家长的引导密切相关，例如孩子摔倒了，有的家长就使劲跺地、拍桌或踢凳，为孩子找一个"替罪羊"，其实这是暗示孩子把过错转移到他人或他物身上以取得心理平衡，或者有的家长一味自责都是自己没有照顾好孩子，还求孩子："你打妈妈吧！"这时如果孩子平静下来，说明他接受了家长的自责和自我惩罚，帮助他找到了心理失调的"替罪羊"。"替罪羊"促使孩子形成怨天尤人的思维，孩子在接受这个"替罪羊"的时候，已经学会了攻击，长久下去就会依赖攻击来获得心理平衡。

◦ 优化和改良孩子的记忆库

爱攻击的孩子容易记住生活中的不愉快，容易忘却生活中的快乐，因此他的记忆库需要优化和改良。让孩子学会感恩生活中的每一天、每一人和每一物是优化孩子记忆库的好办法。例如，有位家长带着孩子下台阶，可是台阶太高了，孩子不敢自己下，正好旁边有一块石头，孩子踩着石头搭个脚，迈下了台阶。这时，家长可以对孩子说："你要感谢这块石头，是它帮助了你。"孩子蹲下来，摸摸石头说："谢谢你！"但是没有感恩心态的家长可能对石头的"帮助"无动于衷，如果石头绊了孩子一跤，还会帮助孩子"报复"石头："都是这个坏石头，我要把你踢得远远的！"可能孩子乐了，但是他也习得了攻击不相关因素的行为方式。

◦ 避免接触过多刺激性的故事

一个老师让孩子们编童话，全班大多数孩子编的童话主题都是争斗和争吵，只有一个孩子编的童话给大家带来了和平与和谐的气氛。他的故事主人公关系和睦、相互帮助、说话幽默，给老师和全班同学带来了欢笑。之所以这样，是因为现在的孩子接触的影视剧和书籍中有些故事的情节突出"不打不成交"主题，结局体现有输有赢思想，于是很多孩子模仿这些故事角色的动作、语言和拼杀本领，并不知不觉将其用于理解和解决现实生活的问题。幸运的是，3岁前的孩子阅读和收看行为还不是太多，家长要及早防范，**多给孩子提供一些友好、和善、幽默主题的读物，陶冶孩子良好的性情。**

◦把和气的话语挂嘴边

在一次与台湾地区的幼教工作交流活动中，我们发现台湾很重视培养幼儿和善儒雅的性格，有些幼儿园的特色教育是营造“鼓舞家园”，培养孩子“从小到大说好话”，要求孩子、教师和家长“每天说一句好话，将爱传到世界的每一个角落”。幼儿园根据孩子的语言发展特点和思维水平，向家长和教师推荐了利于孩子诵读和学习的100句好话。这些好话简短、动听，充满了友好、致谢、接纳、宽容、鼓励、欣赏等内涵，在此向家长朋友推荐其中的一小部分。

TIPS

动人的好话

3个字的好话：好可爱！好极了！好主意！好多了！真好啊！做得好！非常好！恭喜你！了不起！很不错！太棒了！

4个字的好话：太奇妙了！真是杰作！那就对了！多美妙啊！我好爱你！继续保持！你很能干！做得漂亮！

5个字的好话：做得好极了！继续试试看！真令人惊讶！真令人感激！真的谢谢你！你办得到的！你真是可爱！你帮得很对！记性真好呢！

6个字的好话：那实在太好了！继续加油努力！我真以你为荣！我很喜欢那样！你可以办到的！

07 同情

精选案例

一天，5岁的小鱼儿跟爸爸一起在菜园游玩。忽然传来扑棱扑棱的声音，小鱼儿惊叫：“一只小鸟！”他们走近一看，是一只竹雀在水中挣扎。爸爸急忙把它捞上来，小鱼儿用手绢擦干小鸟身上的水，爸爸解开外衣扣子，轻托小鸟，贴在胸前，父子俩急忙往家里赶去。到家后，他们找来纸盒，铺上报纸，垫上棉花，在阳台上帮小竹雀建起了临时的窝。小鱼儿还在旁边放了些水和米，小竹雀渐渐地苏醒过来，开始扑扇翅膀。小鱼儿情不自禁地想再去摸摸它时，竹雀竟腾空而起，在阳台上盘旋，不肯落下。小鱼儿既高兴又有些失落，刚才还很乖的小鸟，转眼就无法亲密接触了。于是他央求爸爸把小鸟抓住，买个笼子养起来。爸爸问儿子为什么要这样，儿子说别让它飞跑了，外面冷，还会掉到水塘里。爸爸为儿子的爱心所感动，抚摸着他的小脑袋，说：“你这样关心小鸟，爱护小鸟，小鸟听了会感动的。可是如果我们把小鸟抓住，关在笼子里，它会不快乐的。”“怎么会不快乐呢？我会天天喂它米、喂它水，还会陪它玩。”“儿子，假如你是小鸟，当你失去了爸爸妈妈，远离了小朋友、小伙伴，孤孤单单的，无法跟其他小鸟一起唱歌，无法自由飞翔，就是有吃、有喝、有穿，你会觉得快乐吗？”“不快乐。”“你会觉得幸福吗？”“不幸福。”“是啊，外面虽然冷，可那是小鸟的世界，快乐自由的世界。我们放它回家吧。”于是父子俩打开阳台窗户，目送小竹雀展翅高飞。

同情心发展的阶段

同情心是人类高尚的情感，是爱之情感最本真的表现形式。孩子是弱小的，父母和整个社会对他们倍加关心和爱护，但是孩子不能只会接受他人的爱，也要学会爱他人。他们长大之后要把这种美好的感情保存和传播下去，要回报父母亲人和整个社会，并同样关心和爱护下一代稚嫩的生命。抓住孩子发展的关键期，就会培养出具有同情心的孩子，正如小鱼儿对小鸟表达了朴素的同情心，并在爸爸的引导下提升了表达同情心的水平一样。

心理学研究发现，儿童的同情心经历从萌芽到展现、从不成熟到逐渐成熟的四个发展阶段。

阶段1——没有分化的同情心，从出生到1岁。孩子在这一年还不能区分自己与他人情绪状态的差异，处于非常原始的状态，把自己与外界融为一体，别人哭自己也哭，别人愤怒自己也跟着皱眉头，别人高兴自己也咧嘴笑。

阶段2——以自我为中心的同情心，2岁左右。他对别人的同情和关心是从自己的角度出发，还不能完全理解别人跟自己的感受是不一样的，关心和同情别人是为了增强自己的安全感。

阶段3——根据情境、具有推断水平的同情心，从两三岁开始。孩子初步能够站在他人的角度观察和考虑问题，关心和同情别人不再纯粹是从个人感受出发，开始知道要从对方的角度出发关爱别人。例如，小鱼儿最初是从自己的角度来关心小鸟："我会天天喂它米、喂它水，还会陪它玩。"孩子把小鸟当成了心爱的玩伴，但事实上这不是小鸟的需要。爸爸则引导儿子换位思考："假如你是小鸟，你会觉得快乐吗？你会觉得幸福吗？"孩子朴素的同情心得到进一步提升。

阶段4——脱离情境、具有抽象水平的同情心，六七岁开始。孩子逐渐能够联系他人的生活经验和背景作出反应，同时驾驭两个以上的标准作出关心和同情的判断。例如，富人和穷人同时丢了100元钱，孩子更同情后者。

培养同情心的良策

◦ 在关爱动物中培养同情心

孩子都喜欢动物，保护动物鲜活的生命最有利于同情心培养。节假日父母可以经常带孩子到动物园，边看边给他讲动物妈妈怎样辛苦地生宝宝、喂宝宝，怎样防止宝宝生病和免受其他动物侵害；还可以给他讲自然界生命一物克一物的食物链，讲各种动物的天敌，讲为什么动物园要把各种动物圈起来，让他明白这一切都是为了保护生命。当孩子看电视或者看书的时候，会对有关动物的内容发表一些“议论”，虽然大多是重复父母的话，且只是停留在口头层面，但会让孩子加深对父母教导的记忆。

◦在拟人故事中演练同情心

同情心是对他人、他物的痛苦或者不快产生类似感觉的移情。对孩子而言，痛苦就是哭泣、眼泪、打针、流血等这些看得见、摸得着的事物。家长给孩子讲故事时，遇到该引发他同情心的地方，可以故意模仿小孩子的哭腔和哭相，以激起孩子的同情心。与孩子一起画花画草的时候，家长可有意渲染严峻的环境，比如刮风下雨、电闪雷鸣、冰冻三尺等恶劣的天气，有时还可加上大动物对花草的践踏，花草则画得眼泪巴巴的，让孩子感受“为他人的痛苦而痛苦”。

◦在亲身经历中体验同情心

适当体验挫折也是培养同情心的好办法，孩子只有感觉到自己受挫是不好受的，才会对别人产生类似的联想，进而同情别人甚至帮助别人。一般情况下，小孩子都喜欢与大孩子玩，而大孩子不喜欢与小孩子玩。如果小孩子硬往大孩子群体里钻，轻则受到大孩子的冷遇，重则受到大孩子的推搡，这样小孩子肯定要吃亏。孩子一般都会有多次这种“不幸”遭遇，遇到这种情况，家长并不要为他辩护，而是可以故意提醒他追忆过去：“你还记得自己上次怎样要去抠一个小宝宝的眼睛和嘴巴吗？”“你还记得自己曾经怎样要打一只小猫吗？”虽然孩子的长期记忆能力和举一反三能力有限，但家长可以帮助他唤醒一些情绪体验和感觉记忆，使他再遇到类似的事情时，能有效地减少自己的“冷酷”行为。

◦ 在实际生活中养成同情心

偶尔一次的爱心行为并不能转化为稳定的品质，孩子需要在父母的指导下，在现实生活中不断实践和锤炼才能将其巩固下来，形成良好的习惯和品质。正如南朝教育家颜之推所言：“人在少年，神情未定，所与款狎，熏渍陶染，言笑举动，无心于学，潜心暗化，自然似之。”每当有赈灾捐款捐物或者其他献爱心活动时，父母都要带着孩子参加，把他抱起来，让他用自己的小手把钱物捐献出去，因为一次行动胜过多次说教。

◦ 在关爱同伴中表现同情心

放学后，孩子说班上有生病的小朋友不能来幼儿园，家长就可以跟孩子交流并讨论：“豆豆为什么没有来幼儿园，我们猜猜是什么原因？”“你是豆豆的好朋友，好朋友应该怎么做？”“如果你想打电话，打电话时应该跟豆豆怎么说？”这样，家长能够一步一步引导孩子学会关爱同伴。与此同时，家长还可以培养孩子“我长大了，会照顾弟弟妹妹”的意识。孩子喜欢跟比自己大的小朋友玩，在主动关心弟弟妹妹方面做得就没有那么好。但是孩子喜欢别人说自己长大了，家长就可以引导孩子：“你又长大了一岁，当哥哥（姐姐）了，你知道该怎么做哥哥（姐姐）吗？”

引导孩子进行移情换位

精选案例

纯纯2岁半，会很多诗歌、英文单词和句子，语言能力发展比较好，但是她不善于与小朋友交往：她会冷不丁地抓一下正在画画的小朋友；别人喝水的时候，她有可能故意推人家一下，看见水洒在小朋友的身上，她高兴得哈哈笑。老师把纯纯爱挑衅别人的缺点告诉了家长。家长很纳闷：在家里没人教她这样呀？孩子怎么会对其他小朋友缺乏爱心呢？怎样让孩子成长为爱心小天使？

心理学研究表明，攻击者在看到受害者痛苦的表情时，往往会停止攻击。然而，攻击性很强的人则不然，他们会继续攻击受害者。这是因为他们缺乏移情技能，即理解不到受害者是伤心和难受的。家长应从小培养孩子的移情能力，告诉孩子攻击行为会给别人带来痛苦，导致严重后果。再让孩子换位想想，如果他是受害者，那么他会有怎样的感觉和心情呢？这是非常有效的同情心培养方法。

08 分享

精选案例

申申与薇薇一起坐车出去玩。过了一会儿，申申要吃木瓜，妈妈要求她把木瓜分给薇薇一块。申申想掰下小小的一块给薇薇，把大块留给自己，妈妈说不能太小气，让她给薇薇再多掰一点儿。申申不愿意，妈妈开始连续不停地劝说："你是姐姐，在幼儿园老师就喜欢姐姐照顾妹妹。""你要是不给妹妹，我把你扔到窗户外面。""这孩子从小就是个小气鬼。""快点儿给妹妹，要不然警察来抓你。""你再不给妹妹，老师不喜欢你了。""快点儿给妹妹，老师表扬你。"在这个过程中，申申始终噘着嘴说"不给"，还不停地用舌头舔大块木瓜。妈妈边数落孩子边笑着说："看这孩子，小气鬼，别舔了，快点儿给妹妹。"妈妈做了很长时间的思想工作，最后申申很不情愿地给妹妹又掰了一块自己舔过的木瓜。

影响孩子分享的主要因素

虽然妈妈坚持要求姐姐与妹妹分享木瓜，但是申申一直不情愿，除了与妈妈的教育方法有关以外，还与孩子的年龄特点和已有生活经验有关。一般情况下，影响孩子分享行为的主要因素有以下四个方面。

◦家长围着孩子转，分享锻炼机会少

现在的孩子大多数都是独生子女，有条件从小就独自拥有所有的食物、玩具、空间，没有和兄弟姐妹分享的机会。如果还有爷爷奶奶、爸爸妈妈支持孩子独享，搞特殊化，孩子很容易变得一切以自我为中心，只知道自己有需要，不知道别人也有需要，结果只顾自己，不顾别人。

◦日常生活经验少，分享意识不到位

孩子不愿意分享，与日常生活经验较少密切相关。3岁以下的孩子知道分享食物，食物就会被吃掉，不可能再还原了，由此误以为分享玩具也是一样，自己就失去了对玩具的控制权；3岁以上的孩子知道分享玩具后，玩具还是自己的，但他们对分享还是没有完全的安全感，所以分享对象有选择。孩子还不能做到完全平等、自愿、非功利性地与人共享资源，认为应该先分给自己，确保自己有一份，自己那份最好是多的、大的、好的那一份，多余的、不喜欢的、不需要的那份再分给别人。而且孩子在分享的时候会以交换为条件，渴望得到成人的表扬。

◦心理发展水平有限，分享对象有选择

研究发现，跟与小朋友分享相比，孩子与成人分享的行为更多，其

中与家里人分享比与外人分享更多；与陌生小朋友相比，孩子与熟悉的小朋友分享更多；孩子上幼儿园以后比上幼儿园以前分享行为更多；中大班幼儿比托小班幼儿分享更多；与男孩相比，女孩的分享行为更多；与新颖玩具相比，孩子更愿意分享普通玩具；孩子的分享观念水平比分享行为水平更高。在家长和老师的要求与教育引导下，孩子的分享观念与行为会显著提高。

○ 成人逗孩子不得当，分享意识被误导

小孩子惹人喜爱，很多成人都喜欢逗孩子，但是逗引不当会误导孩子。有的成人提出要分享孩子的东西，如果孩子不答应，成人就佯装争抢，孩子吓着了，以后更不愿意与人分享；如果孩子答应，有的成人又不分享了，而是“独享”了孩子的心爱物，结果孩子哭了，成人就乐了：“看看，小气吧，还是不愿意吧，我是逗你的，不要了，还给你——”而孩子觉得一点儿都不好玩，反而面色尴尬，成人出尔反尔的行为更让孩子觉得不可思议。此外，还有一些孩子爽快地答应分享之后，成人马上说：“宝宝真乖，我是逗你的，你自己留着吧。”孩子就误以为分享只是一个游戏而已，不但别人会原封不动地把东西还给自己，还能得到成人的夸奖，却不明白这是“伪分享”。

引导孩子分享的良策

○ 平时积累有借有还的生活经验

分享玩具有时是与小朋友共同玩，有时是暂时借给小朋友单独玩，

后者需要孩子有更加成熟的归还意识才能做到。在家里家长很少借孩子的东西，所以孩子很少积累有借有还的生活经验。一旦出门了，尽管家长费劲地解释："小朋友是借你的玩具，玩一会儿还会还给你的。"孩子还是不愿意，就是因为他不知道有借有还的操作意义。因此，可以在家对此进行模拟练习，故意借一借孩子的画笔、皮球、积木，答应10分钟之后还给他，还的时候说："宝宝，这是刚才妈妈跟你借的画笔，现在还给你，谢谢！"久而久之，他就明白了所谓借其实就是东西暂时离开自己，过一会儿还会回来的，自己没有什么损失。

○做分享游戏，体验分享快乐

与孩子多做一些需要分享合作才能完成的游戏，孩子体验到分享的快乐后就会乐意分享。例如，与3岁以下的小孩子玩相互传球的游戏，与3岁以上的孩子一起下棋、玩扑克牌。孩子们都很喜欢穿妈妈的鞋、戴爸爸的领带，当他们玩得正兴奋的时候，及时启发他们："这些都是爸爸妈妈的东西，爸爸妈妈愿意和你分享，你愿意和爸爸妈妈分享你的东西吗？拿你最喜欢的玩具让我们玩一会儿好吗？"让孩子体会分享是相互的。

节假日也可以邀请小朋友到自己家里玩，征求孩子的意见：邀请谁来，准备拿什么玩具给小朋友玩。为了避免有的小朋友不会分享，家长可以主动与其他家长联系商量，让每个小朋友都带两三个好玩的玩具，然后相互交换玩，大家都有分享的意识和分享的机会。考虑得周到些、准备得充分些，有助于孩子消除戒心、体现公平，更放心地体会与小朋友一起玩的快乐。

可见，分享教育是一门艺术，像申申的妈妈那样软硬兼施、连哄带骗的方法效果并不好，平时应该加强锻炼，孩子才能形成更加成熟的分享意识。

◦ 主动创造锻炼孩子分享的机会

分享之前学会分配，上街买东西的时候要照顾所有家庭成员的需要，孩子不但要知道自己最喜爱的，还要知道爷爷奶奶、爸爸妈妈最喜爱的；平时买回来水果、糕点时，让孩子进行分配，观察孩子能否分配合理；家庭成员平时都要养成一起分享好吃的食物、不吃独食的好习惯；爸爸妈妈与孩子一样过生日，家长给孩子操办生日活动，孩子也要为家长的生日准备礼物、表达心意，体会一家人分享快乐的心情。

一对特别注意早教的年轻父母发现孩子有吃独食的毛病之后，专门买了一箱孩子最喜欢吃的猕猴桃回家，但是他们只拿了一个出来，其余的放在孩子看不见的地方。到了吃水果的时候，孩子发现了这个猕猴桃，要求妈妈剥给他吃，妈妈说：“爸爸妈妈也想吃，怎么办？”孩子说：“就一个，我想吃。”“我们也想吃。”“今天我吃，明天你再买，买多一点儿，你和爸爸吃。”“我们就想今天吃，怎么办？”孩子不说话。妈妈说：“把它切成3份吧，我们3个人都能吃了。”孩子仍然不说话，意思是分成3份，太小了吧，不够吃啊！妈妈没有理会孩子，直接把水果切了，每人吃了1份。孩子吃完自己的，看看爸爸妈妈的那份也吃完了，就没再说什么，流露出没吃够、不尽兴的表情。虽然如此，爸爸妈妈还是觉得这次分享对孩子很有意义。后来家长继续创造锻炼机会，孩子很快就养成了与人分享的好习惯。

◦ 引导但不苛求真正意义的分享

真正意义的分享是愿意与人分享自己喜欢的东西，即使自己不富余也能拿出来分享；是心甘情愿的、主动的分享，不是因为表扬、交换或者别人的要求才做的；分享之后是感到快乐，而不是失落；不但愿意与人分享物质，也愿意与人分享欢乐、幸福、好处、机会和爱；分享不分对象，能够一视同仁；分享成为一种行为习惯，不是偶尔为之。

但是，孩子的心理发展水平有一个从不成熟到逐渐成熟的过程，其间会出现与孩子自然发展特点相关、分享意识还不完全到位的各种“伪分享”。家长不要苛求孩子一下就做到真正意义、成熟的分享，在相当长的一段时间内，孩子处在慷慨与吝啬、大方与小气共存的状况，家长可以根据孩子的实际表现水平，逐步提高和锻炼孩子更高水平的分享。

◦尊重和倾听孩子分享的意愿

分享是孩子应该具备的情怀，但是不要强求孩子，因为分享对孩子来说还是个很难理解的观念，会给他带来不舍、犹豫、酸楚、挣扎、忍耐、克制和坚持等复杂情绪，而给他带来的快乐与满足却姗姗来迟，当看到别人分享他的东西所产生的愉悦时，他担心自己不再是物品的主人。更加关键的是，孩子正在发展物权和所有权意识，通过对物品的掌控权和操作自由来体会自我的力量，3岁以下的孩子甚至认为自己喜欢的即便是别人的东西也应该属于自己，因此他有可能随意就拿走、争抢别人的东西。在要求孩子分享之前，要使他有足够的时间欣赏、玩弄自己的玩具，维护孩子的所有权意识。物权和所有权作为孩子自我意识的一个部分，是通向分享的必经之路。

分享还要倾听孩子的心声。有时孩子不愿意分享是担心别人把自己的心爱之物搞坏了；如果是家长送给他的最珍贵的礼物，孩子也想保持独享的权利……这些意愿应该得到家长的尊重。其实也不是所有的东西都能分享，需要告诉孩子牙刷、水杯、手帕、内衣裤等东西不能与小朋友分享。引导分享还要适度，不要还没做到分享，就让孩子谦让，对孩子来说，谦让比分享更难以接受。

09 谦让

精选案例

杨女士有一个侄子叫明明，还有一个来自美国的外甥叫欧文，两个孩子都是5岁多。这天，杨女士刚把苹果放到茶几上，欧文就如狼似虎地扑过来，双手抓起最大的那个；明明则等着姑姑发话才拿苹果，叫他拿，也是拿小的，把大的让给奶奶。杨女士觉得孩子不懂得谦让可不行，于是就决定好好教教欧文。

第二天吃雪梨，欧文照样抢先拿最大的，杨女士一把抓住他的小手，说："这个雪梨不能给你吃，你不懂事。"欧文大哭起来。杨女士没有理会他，转手把大雪梨递给了明明，明明马上把雪梨递给奶奶，奶奶一个劲夸明明懂事，然后把梨重新放回明明手中，作为对他懂事的奖赏，明明大口吃起来。看着明明吃大雪梨，欧文哭得更厉害了。杨女士趁机开导他："大雪梨是给懂事的孩子吃的，明明是懂事的孩子，所以就给明明吃。”欧文说：“我也懂事。”“明明把大雪梨让给奶奶，才是懂事的孩子。你只顾自己拿大雪梨，不让给别人，怎么能是懂事的孩子呢？”欧文眨了眨眼睛说：“我把大雪梨给外婆。”杨女士很高兴，马上洗了一个大雪梨，递给欧文，欧文转身将雪梨递给外婆，外婆情不自禁地抱起他说：“我的小宝贝，你可真会惹人爱啊！”于是也把这个大雪梨奖给了欧文。

此后，不管吃什么东西，欧文都和明明一样，会把最好的让给老人了。

半个月后，妈妈来接欧文，见到儿子和明明争着把大苹果拿给老人，她吃惊地问：“欧文怎么变成这样了？”杨女士得意地说：“是我教的。”“你怎么能这样教孩子呢？”“教孩子谦让，有什么不好？”“这不是谦让，是虚伪。你会把孩子教成伪君子的！我一眼就看出了，欧文绝对不是真心把大苹果让给别人。他是摸透了你们的心思，知道要假装谦让，才能吃到大苹果。不信我们把大苹果吃掉，欧文肯定会哭得一塌糊涂。”果然，老人的牙齿刚咬到苹果，两个孩子几乎异口同声地大哭。更令人吃惊的是，明明哭得比欧文还厉害，他竟躺到地上打滚，死活不肯起来！

杨女士猛然发现，自己的教育成果是这么脆弱和失败！还能对孩子进行“孔融让梨”的教育吗？

“孔融让梨”需改进

“孔融让梨”不过时，但是需要进行一些改进，就更加符合孩子的年龄特点与心理水平。

◦ 孩子的谦让水平有限

真正的谦让需要克己为人的忍让之情，是为别人着想而放弃自己的需要，又不图别人回报的善良行为。让孩子完全达到这一要求是极其困难的，因为孩子的思维特点是以自我为中心，他通常不能较好地觉察别人有什么需要，更没有足够的自觉性忍痛割爱、不计回报。孩子喜欢谦让是因为他在期待着大人的嘉许或者奖励，而大人确实会给予他嘉许或者奖励。可是同龄伙伴就不会给孩子这样“实惠”的反馈，能听到对方说声“谢谢”就不错了，大一点儿的孩子可能为某种交换而做到谦让，但这也是有所图的。

研究发现，孩子要学会纯粹的谦让需要十几年时间，经历好几个阶段的发展：首先是为了得到具体的奖赏而谦让；接着是为了顺从成人的意思当一个“好孩子”而谦让；后来他能够根据别人的需要而做一些谦让，但前提仍然是有一个具体的“好处”；渐渐地，孩子变得更含蓄了，这个由谦让而得到的好处可以是具体的，也可以是抽象一点儿的，例如符合某个社会规范或者社会利益；最后才形成纯粹成熟的谦让，这是完全自发自愿的，能给人带来极大的自我满足感。

◦ 大人把梨吃了，锻炼孩子的诚意

中国传统美德既强调“敬老”，又强调“爱幼”，所以孩子谦让，

给家长大梨，家长一般是不忍心吃下的，觉得孩子只要懂得这个道理就行了，不必有行动的付出，结果让一圈，大梨又回到孩子的手里。孩子既吃到了大梨，又享受了表扬，实在太实惠了！谦让变成了一场虚拟的游戏，其中并没有真正的教育。

其实这一问题很容易得到解决，家长只要把大梨吃了，孩子的心理就得到一次考验，他必须在“利”和“义”之间做出选择，诚实地面对自己。看见大人真的把大梨吃了，如果孩子下次还谦让，说明孩子是心甘情愿的、真诚的；如果下次不谦让了，说明孩子不想做自己不愿意的事，也不想为了得到“好处”而做违心的事情，这样孩子也是诚实的。只要家长不再强迫、不再诱惑、不再玩让梨的游戏，让孩子自己验证和选择让梨的后果，孩子要么学会了谦让，要么学会了诚实，都是不错的结果。

◦ 与其谦让，不如轮流分享

孩子之间是平等的，不管是哥哥姐姐还是弟弟妹妹，都是孩子，都会不太情愿让着别人。对于父母来说“手心手背都是肉”，不管“大让小”还是“小让大”都会优待一个孩子，冷落另一个孩子。即使一个是自己的孩子，一个是客人的孩子，强行要求一个孩子谦让另一个孩子，也会出现待遇上的不公平。因此，为了公平起见，也为了让孩子学会了解和尊重彼此的需要，与其谦让，不如轮流分享。

轮流分享的方法至少有三种：把大梨一分为二，一人吃一半，这样孩子们都能享受大梨的甜美；这次你吃大的，下次他吃大的，这样大家都有机会吃大的；采取“石头、剪子、布”的游戏方法，谁的运气好谁吃大的，即使最后的结果总是自己吃小的，也只能“认命”，学会遵守游戏规则也是孩子应该具备的心理素质。

谦让教育不必一步到位

只有孩子的心理发育达到一定水平，他才能做到发自内心的谦让，即孩子必须有换位思考的能力，有“送人玫瑰，手有余香”的心理体验。可幼儿的思维特点是以自我为中心，心理满足的体验建立在个人需要是否兑现的基础之上，所以家长对孩子的谦让教育不要强求一步到位，更不能超越孩子的心理发展特点而提出过高的要求。当然也不是说家长就无所作为，或者认为谦让教育没有必要，任何一种美好品德都是从小渐渐养成的，孩子一点一滴的积极体验都将促进他最终形成美德。

◦ 谦让之前学会分享

根据孩子的心理发展特点，分享是谦让的心理基础，有了充分的分享经验，更有利于学会真诚的谦让。因此，家长要锻炼孩子逐渐从“吃独食”，经过分享心理的发展，慢慢过渡到谦让美德。如果几个孩子都想吃大梨，不宜直接给孩子灌输“大让小”或者“小让大”的教条，可以让他们共享这个大梨，也从中品尝到与人分享的快乐。平时家长要特意与孩子共享美食，避免他在家中形成独一无二的特殊意识和地位，丰富孩子心中有他人的心理体验。

◦ 在同伴中锻炼谦让

因为同伴之间的交往是完全平等、自由的，谁都没有太高的谦让水平，游戏规则需要相互商量，交往方式需要相互磨合，不像在家里大人总是让着孩子，孩子不需要太多的努力就能从大人那里得到很多“好处”。当孩子与同伴发生冲突的时候，成人不要急于平息，先给他们磨合的机会，让他们自己揣摩对方有什么需要，自己要不要让步，能做出多少让步，最后怎样达到互惠共赢。这一过程是孩子丰富体验和提高认识的锻炼机会，他们的移情能力和换位思考水平也会得到提高，而这些经验的积累都有利于促进孩子发展成熟的谦让行为。

◦欣赏谦让行为

有时候，孩子产生良好行为的动因是想获得大人的表扬和奖励。这是孩子动机发展水平的固有特点，不要因为这个动机“不纯”而忽略对孩子的鼓励。因为孩子都有一个从外在行为转化为内在行为的发展变化过程，所以孩子谦让了，还是应该受到家长的欣赏与赞扬。有的家长会采取放任的态度，认为孩子长大后自然就知道谦让，其实未必，品德与习惯的形成离不开循序渐进的教育。

◦谦让应有度

谦让是中华民族的传统美德，应该代代相传，但是在现实生活和具体情境中，谦让既有正功能也有负功能。正功能体现在它对于消解孩子们之间的交往冲突，促进孩子社会性发展以及维护活动秩序等都有积极的作用。负功能则体现在过度谦让会导致孩子遇事退缩回避、忽视自己的权益、有碍自我意识的发展；一味谦让也纵容了对方的占有欲和以自我为中心的思维习惯；虚假的谦让还损害孩子的诚实品质。可见，谦让应有度。

判断孩子谦让是否适度可以参照以下三个方面：如果孩子谦让之后是放松和愉悦的，说明孩子是心甘情愿的；如果孩子经常以谦让换来参与游戏的机会或者交朋友，说明孩子互动交往的方式比较单一、不够成熟，需要学习更加积极和建设性的策略；如果孩子相互讲条件、做交换，彼此都谦让一步，说明孩子正在锻炼与他心理发展水平一致的谦让行为。

10 自尊自信

• 精选案例

瑛瑛与妈妈一起去奶奶家做客，爷爷、奶奶、大妈、姑姑，还有姑姑家的小妹妹都来了。吃饭的时候，瑛瑛在座位上扭来扭去不安生，不想吃饭，妈妈说："你看妹妹多乖，你怎么还不如妹妹？好好吃饭。"瑛瑛噘着嘴，一副不高兴的样子，妈妈给她夹菜也不要，她自己夹菜就用筷子在盘子里搅来搅去。妈妈说："不好好吃饭就走开。"瑛瑛大声地嚷嚷："不好吃，我本来就不想吃！"然后生气地使劲将筷子丢在桌子上，把饭菜溅得稀里哗啦。孩子这么任性没教养，妈妈觉得很没面子，就狠狠责骂了瑛瑛几句，瑛瑛大哭起来。奶奶赶紧过来拉走孩子，说：“不吃就算了，下次奶奶给你做好吃的。”妈妈嘟囔：“这孩子真是没样，都是她爸爸惯坏的，总是顺着她，结果现在批评不得。”

自尊之心，人皆有之

一场愉快的饭局被搅了，瑛瑛和妈妈相互伤害了对方的自尊：瑛瑛不好好吃饭、乱发脾气让妈妈觉得没面子；妈妈当众说瑛瑛不如妹妹、批评瑛瑛不好好吃饭也让瑛瑛丢了面子。

自尊之心，人皆有之。自尊是人的基本需要，也是人的心理底线，一旦自尊受到伤害，人的情绪就会被刺激、被惹恼，接着还会掺杂低落、失望、挫败、沮丧等诸多消极情绪。可是有的家长觉得孩子小，没有自尊心，或者认为自己是家长，孩子只需要服从，有时候伤害到孩子的自尊心也觉得无所谓。

自尊是个体对自己的价值判断，是相信自己有价值、有能力、能成功、很重要并肯定自我的态度与体验。自尊是心理健康的核心，具有自我保护功能，还是建立自信、激励自我、克服困难、磨炼意志的心理基础。

自尊心过低或者过强都是不自信的表现

自尊是积极的自我概念。例如，“我是个孩子”是一个客观的自我概念；“我是个好孩子”就是一个积极的自我概念，是孩子有自尊心的体现。如果孩子怀疑自己不是个好孩子，就相当于孩子在否定自我是有价值、有能力、能成功和很重要的，那么孩子就打不起精神、抬不起头，甚至自暴自弃。所以，维护孩子的自尊是家长应该给予孩子的基本精神食粮。

自尊心过低固然有害，但不少家长也反映孩子存在自尊心过强的问题，例如太要面子、虚荣心强、盲目自大、骄傲自满等。实际上，自尊心过强也是不自信的表现，是因为害怕失利，没有勇气接受失败的现实而过度粉饰自己。真正的自尊心是建立在自信的基础之上，有自尊的人也会失败、会难过，承认自己有比不上别人的地方，但是他们不会被挫败，并相信经过自己的努力能够改变现状，因此他们的乐趣在于以真正的自我存在，并不在于处处要比别人强。可见，培养适度的、成熟的自尊心是孩子发展自我的重要任务。

呵护自尊心的良策

◦ 成功与成就感造就自尊心

心理学家詹姆斯在给自尊下定义时用了一个著名的公式：自尊=成功/抱负水平，也就是说自尊与成功成正比。成功与成就感能激起人的高峰体验，让人精神饱满、情绪高涨、充满自信。美国心理学家马斯洛对一些最成功也最健康的科学家、人类学家、心理学家进行研究，发现他们具有一个显著的共同特征：越是成功的人，越有更多的高峰体验，而更多的高峰体验，又成为他们取得更多成就的催化剂。

当孩子做成一件事的时候，及时的肯定、表扬与鼓励能让孩子产生成就感和“高峰体验”，在成功的瞬间享受到了巨大的精神欢愉，这种欢愉的意义正如马斯洛所说“天堂（高峰体验）似乎就在我们日常奋斗生活的前面等候着我们，准备让我们跨进并享受它。一旦我们跨进天堂，我们就能永远记得它，并且用这种记忆作为我们的能源，在我们自己遭受压力的时候支撑我们”。既然高峰体验能令生命拔节，家长就要主动为孩子营造展现自我、获得成功的机会，促进孩子积累丰富的积极体验和心理资源。

◦ 形成准确的自我认识

自尊是建立在准确的自我认识基础之上的，如果自我认识有偏差，那么孩子对自我的价值判断可能就会出现过高或过低的倾向。倘若家长对孩子百依百顺，孩子的自我认识以自我为中心，那么孩子的自尊心就会过强。实际上，这种自尊心也很脆弱，孩子稍微不如意就发火宣泄，与小伙伴在一起也容易造成人际关系紧张。倘若家长对孩子冷漠、严厉、粗暴、否定、打击较多，孩子感觉尊严扫地，就无从建立自信，出于自我防卫的本能，孩子就会以扭曲的方式表达自己的存在，诸如攻击、挑衅、好斗或者逃避、退缩、撒谎等。更为关键的是，**自尊不是一时的心理状态，是相对稳定的人格特征，**早期生活中没有建立健康自尊的孩子，如果在后来的人生阶段又缺乏心灵康复的环境，就有可能终身遭受莫名的烦恼与困惑，妨碍孩子透彻地体验人生的幸福感。

对于自己的孩子，家长难免宠爱有加，但是要把孩子当成正常的、普通的人来养育，让孩子经历完整的生活锻炼，不要特别制造一把保护伞或者一间温室，造就孩子过于敏感的情绪和羸弱的心灵。例如，孩子摔倒了，鼓励他自己爬起来；有不合理的要求，讲清楚道理之后就拒绝；有好东西大家分享，不要习惯于独享特权；做错了事，学会道歉；别人打电话的时候，应该把电视音量关小等。孩子在生活细节中学会做事，也就学会了做人，进而获得一种健康的自我认识。

◦ 确立适宜的比较对象

人不能单独存在，一个人对自己的价值判断是通过与他人的比较而实现的，如果在比较中失利，就会降低自尊体验，反之则提高自尊体验。与比自己强的人比较是上行比较，与比自己弱的人比较是下行比较。人们通常认为上行比较容易产生嫉妒、敌意、挫折等消极情绪，下行比较容易产生满足、优越、幸福等积极情绪。其实未必，究竟产生哪种效果取决于具体情境。例如，一个男孩拿来一把新玩具手枪，吸引了很多小朋友围观。宇航很不服气，说这是假枪，自己家里有真枪，因为爸爸是警察，小朋友们佩服得不得了。实际上宇航家里没有真枪，爸爸也不是警察，但是上行比较产生了辐射效应，可以抬高自我形象、提高自尊体验。下行比较不当也会伤害自尊，例如瑛瑛的妈妈拿妹妹跟她做比较，挫伤了瑛瑛的自尊心。

平时，孩子经常会跟小朋友进行比较，**维护孩子的自尊需要引导孩子选择适宜的比较对象。**较理想的比较对象是与自己相近并略微好于自己的人。孩子这样比，心理压力不是太大，还找到了可以学习的榜样，有利于孩子较为轻松、自信地取得进步。

◦ 尊重他人是自尊的前提

自尊不是唯我独尊。人人都有受尊重的需要，尊重是相互的。尊重他人是自尊的前提，就是把对方看作与自己平等的人，以自己所需要的尊重标准来尊重他人。孩子具有以自我为中心的思维特点，乐于享受他人对自己的尊重，不易做到平等地尊重他人，所以家长在日常生活中要加强指导，给孩子渗透尊重他人的意识，例如轮流、等待、协商、分享、合作、谦让、助人为乐等，都是尊重他人的表现。积极回应别人的请求以及拒绝别人时要礼貌，也是尊重他人的行为。平时家长给孩子安排力所能及的家务活也有利于孩子学习尊重他人，例如帮助爷爷拿眼镜、给奶奶递药、定期整理拖鞋、吃过饭擦桌子等。如果孩子在为他人做事的活动中体会了快乐，也就培养了尊重他人的意识，他就会感觉自己对别人是有意义、很重要的，自尊心油然而生。

◦ 不要当众批评孩子

当众批评孩子会伤其自尊，而孩子偏偏不顾情面，经常当众做出令人尴尬的不适宜行为。如果这时不管孩子，就显得家长对其过于放任；而管教孩子就得注意方式、讲究情面，尤其不要在客人和小朋友面前批评孩子，这样会大大地损伤孩子的自尊与自信。比较有效的办法是把孩子拉到一边说悄悄话，既维护了孩子的尊严，又指点教导了孩子。例如上面案例中的妈妈可以平静地把瑛瑛叫到一边，对她说这种做法让别人都不能好好吃饭了，是不对的；或者鼓励孩子："妈妈相信你是个懂事的孩子，和妹妹比比谁吃饭吃得好，怎么样？"如果孩子实在不愿意吃饭，就暂且让她离开餐桌自己玩。不要当着大家的面，粗暴地把孩子摁在椅子上，强迫孩子："吃饭就好好吃，这么大了，还不会坐吗？"

◦不随意给孩子贴坏标签

每个孩子都希望做个好孩子，并认为自己是个好孩子。这是孩子奠定自尊和自信心的基石，家长不要随意给孩子贴"坏孩子"的标签。如果孩子出现不适宜行为，家长要把孩子的不良行为与孩子本人一分为二地进行评价。例如，可以说："你这件事做得不对。"不能因为一件事否定孩子整个人："你不是个好孩子。"可以说："妈妈不喜欢你这样做。"不能说："你再这样做，妈妈就不喜欢你了。"这些并不是在玩什么文字游戏，而是因为不同的说法表达了不同的价值判断。家长的价值判断是孩子最重视的，是孩子建立自尊自信的最重要参照标准。

11 游戏玩乐

• 精选案例

菲菲是个5岁的小女孩，非常活泼，喜欢运动，最近头发还剪短了，像个小男孩。老师反映菲菲上课爱说话，喜欢玩自己身上的小饰物，老师一提问，她就说"我不会"。她平时爱跟小朋友打打闹闹、说说笑笑，但是让她跟小朋友合作进行手工制作或者表演，她也说“我不会”。妈妈反映她在家里挺闹腾的，一会儿玩玩这个，一会儿摸摸那个，总是闲不住，可是一让她做什么事，她就说“我不会”。让她简单地重复在幼儿园学习的内容，她也说“我不会”。妈妈纳闷：“人家都说活泼爱玩的孩子聪明，可以在玩中学，可是我家孩子怎么什么东西都没有学会？”

闹着玩≠玩得好

从非非的表现来看，她的活泼爱玩属于浅表层次的闹腾，专注的时间很短，又不善于进行注意力的分配。当老师讲课或者跟小朋友合作的时候，她不能很快把注意力转移到新的任务和学习上，仍然停留在说话、做小动作上，所以她玩得多学得却不多。

TIPS

“闹着玩”与“玩中学”

常听家长说：“孩子在闹着玩。”仿佛“闹”是玩的标志，所以一般情况下大人也就宽容了孩子的闹腾。实际上，闹腾是玩的外在标签，闹腾着玩未必说明孩子玩得好，因为“闹”是“躁”的表现，是孩子身心不专一导致的。而真正玩好需要进入良好的游戏状态。这是一种既高度放松又深度专注的状态，孩子玩得很自由、很放松，同时又很专一、很投入，所以“玩中学”是指在既放松又专注的游戏状态中学，而不是在注意力分散和短暂的“闹着玩”中学。众所周知，对于幼儿来说，要想孩子学得好，得先让他玩得好，要想玩得好，就得进入高度放松又深度专注的游戏状态。

玩得好≈三种游戏状态之和

真正良好的游戏状态必须同时出现三种情况：愉快高兴、放松自由、自愿守则。这样孩子才拥有完整的游戏精神。对于孩子而言，他很容易达到愉快高兴、放松自由的状态，但是容易缺失自愿守则这一因素，家长也觉得只要孩子玩得高兴自在就行了，不需要遵守什么规则，否则就不自由、不快乐了。这种观念是错误的，没有规则就没有真正的游戏，而且这个规则是孩子自愿遵守的，不是外在强加的，否则就没有透彻的愉快与自在。

支持孩子玩得好的策略

◦ 不要假借游戏包装太多的学习内容

很多家长善于把学习内容包装为游戏形式，结果可能会让孩子感觉这是家长想玩的游戏，不是自己想玩的游戏，从而失去了愉快高兴的良好游戏状态因素。

精选案例

明明会游泳也喜欢游泳，于是妈妈承诺上完兴趣班带他到游泳馆玩。到了游泳馆，妈妈要求他必须游完两圈以提高游泳技能，明明不高兴了：“你不是说带我来玩吗？”妈妈说：“游泳不就是玩吗？”明明说：“游泳不是玩，我想自己拿着皮球玩。”妈妈还是强迫明明游了两圈，结果明明认为妈妈骗了他，根本没有让他玩。

这对母子矛盾的焦点就是到底什么是玩。实际上，谁感觉愉快高兴谁就是在玩，这是进入游戏状态的第一步。

◦不打扰孩子自由自在的专注状态

精选案例

阿秋生活在奶奶家，平时姑姑、叔叔、哥哥、姐姐经常来家里，谁回去了都觉得该跟孩子玩玩。有时候阿秋正玩着，大人还是要打断她：“你玩什么呢？”“你这样玩好。”“别玩这个了，看我又给你买了一个新玩具。”

案例中的大人都没有保护孩子自由和专注游戏的意识，阿秋自己长时间玩一个游戏的习惯就没有养成。虽然她在多成员家庭锻炼了交往能力，但是专注游戏的精神没有得到很好培养，最后就像菲菲一样喜欢闹。其实，孩子的游戏就像大人的工作一样需要安心、专注，不能被干扰，所以家长不要以为自己参与孩子的游戏就是好心好意。当孩子处在自由自在的专注状态时，哪怕他玩得荒唐可笑，大人最好也远远地看着而不要惊扰他。

◦ 培养孩子自愿遵守游戏规则的精神

游戏对大人来说是虚拟的，对孩子来说是真实的。孩子学习游戏规则就是学习生活规则，大人却常常把游戏规则当成虚拟的而忽略了，导致孩子缺失完整的游戏精神，在规则面前出尔反尔。

• 精选案例

每天早晨哄彤彤上幼儿园成了爸爸妈妈的第一项“工作事务”。有一天，爸爸突发奇想：“儿子，咱们来一次‘石头、剪子、布’，我赢你就得上幼儿园，你赢就随你便。”玩游戏的办法自然让彤彤高兴。结果爸爸赢了，彤彤就大哭起来，爸爸心软了：“好吧，别哭了，今天咱不去幼儿园了。”从此以后，劝哄彤彤上幼儿园就变得更加艰难。一天，妈妈把彤彤送到班里后准备走，可彤彤却跟在后面追妈妈，老师赶紧用胳膊拦着他，他抱着老师的胳膊狠狠地咬了一口，老师禁不住大叫一声，镇住了彤彤。

妈妈转身回来，看见老师的胳膊被咬出血了，连忙说“对不起”，并让老师看她胳膊上被儿子咬的痕迹。

彤彤就是典型的玩得愉快自由却不知道遵守游戏规则的孩子，小伙伴常常跟他玩得不愉快，他也因此失去很多跟小伙伴游戏的机会。关键的原因就是家长没有培养孩子自愿遵守游戏规则的精神。

◦孩子在和谐稳定的家庭环境中才能玩得好

愉快高兴、放松自由、自愿守则的游戏精神不是一朝一夕形成的，需要家庭长期提供良好的环境支持，否则孩子的游戏精神很容易出现波折，进而陷入无序的状态。

• 精选案例

最近一段时间，一向爱玩也会玩的丽丽出现心神不宁的状态。她与小朋友玩着玩着就生气了，老师过来调解，她就说：“我不想玩。”丽丽的身体并没有出现不舒服的情况，敏感的老师觉得可能是丽丽家里出什么事情了，于是就跟家长约谈。原来是丽丽的妈妈出国了，奶奶又生病了，爸爸和爷爷只顾忙着照看奶奶，心情比较紧张、急躁，丽丽的情绪随之被浸染上了紧张、急躁的色彩，曾经拥有的完整游戏精神被消极情绪肢解，使丽丽出现了心神不宁的状态。老师跟家长交流丽丽的变化和分析原因以后，爸爸意识到问题的严重性并调整了自己的心情，丽丽很快就恢复了完整游戏精神，出现了灿烂的笑容。

◦静观孩子游戏过程中出现的“战争与和平”

孩子的游戏具有一个自然的过程，其间有其乐融融的“和平”，也有激烈的“战争”。哭哭笑笑是孩子游戏玩乐时常有的事情，孩子不会当真，家长更不必当真。

• 精选案例

在一节卧铺车厢，很多家长带孩子乘车旅游，其中有3个孩子自发地游戏玩乐起来。一个女孩上学前班，一个小男孩1岁5个月，另一个女孩年龄在他俩之间。小男孩精力旺盛，不停地在车厢里走来走去，看见别人拿着什么东西，就用手指指，他对两个姐姐的游戏很感兴趣。后来，两个女孩拿着饮料瓶不停地逗男孩：“给你！”男孩一伸手，两个女孩又说：“不许动！”一开始还行，没几个回合，他就哭了，两个女孩却哈哈大笑，男孩的爸爸就把孩子抱走了。一会儿，小男孩又被两个姐姐的游戏吸引了，想过来。妈妈说：“别去了，你玩不过她们。”

家长对小男孩的干预就妨碍了孩子玩乐情绪的需要和游戏精神的发展。在没有安全隐患的情况下，让孩子经历完整的游戏过程非常重要，可以让他们充分地体验多种情绪的变化、心理互动的常识和人际交往的技巧。

12 自我控制

• 精选案例

谢宝4岁，喜欢下棋，已经熟练掌握了飞行棋、五子棋和跳棋的玩法，最近开始学习下军旗。知道军旗的基本规则后，他就兴致高昂地与爸爸妈妈对弈。爸爸妈妈下棋从来不让着孩子，孩子下得好就赢，下不好就输。谢宝因为棋艺不高输了，哭起来，爸爸妈妈说："输了怕什么？赢了是将军，输了再下也是将军。"谢宝仍然哭，身体在不停抽搐，看得出他在努力控制自己不哭。爸爸妈妈没有迁就孩子此时脆弱的情绪，说："宝宝还下不下？"谢宝哭着说："下。"只见他用袖子抹干眼泪，重新摆棋子，身体抽搐渐渐减少，最后还长舒一口气，慢慢平静下来。再输的时候，他的表情显示出复杂的内心情绪，嘴瘪一瘪，想哭没哭，脸上还挂着尴尬，又想掩饰和控制自己的情绪，于是头也不抬地跟爸爸妈妈说："没事，接着下。"

自我控制是孩子人生需要的重要能力

4岁的谢宝表现出良好的自我控制能力。孩子的自我控制能力是广大家长普遍关心的问题，因为要想顺利和成功地做任何事情，几乎都离不开良好的自我控制能力，它是人们学习、生活、做事、工作的基本素质之一。而孩子的自我控制能力往往很弱，不少孩子因其发展得不好，会出现情绪脆弱、习惯不良、学业不佳等现象，甚至出现心理问题与品德问题。所以，家长关注孩子的自我控制能力，是抓住了影响孩子一生发展的核心能力。

TIPS

自我控制能力的五个方面

自我控制是个体对自己的生理、心理、情绪、行为和思想施加影响，适时地调整和监控自己的能力，主要包括五个方面：抑制冲动、抵制诱惑、延迟满足、履行计划和遵守规则。孩子经常在这五个方面得到锻炼，就发展了成熟的自我控制能力，对孩子的一生都会产生积极的影响。

094

培养孩子自我控制能力的方法

◦延迟满足法

一位妈妈说：“孩子很聪明，什么道理都明白，就是控制不住自己。他明知道过多吃糖对牙齿有害，但还是偷偷吃糖；他明知道总是插话不好，但还是没有耐心等待别人把话说完自己再说；老师也反映他上课经常说话或做小动作，提醒他一下，会好一些，可没几分钟，又恢复了原样。”

这个孩子的问题关键就是延迟满足能力比较弱，自己心里有话就一定要马上说出来，自己想做什么事情就要马上动手操作。他虽然知道吃糖对牙齿有害，但是这个害处发生在将来，孩子目前既看不见也感觉不到什么痛苦，所以大道理对孩子的吸引力很小；而吃糖马上就能获得满足，带来快乐，所以它对孩子的诱惑力很大，最后情感终于战胜理智，孩子吃了糖。孩子上课插话、接话、说话或做小动作也是同样道理，只有在第一时间完成自己的心理活动，他才觉得满足，而不考虑在集体环境中还要尊重老师讲课的要求和其他同学的学习需求。

心理学实验表明，自我控制能力最早出现在孩子6～12个月，主要表现为服从家长指示和延迟满足。4岁则是孩子自我控制能力迅速发展的时期，如果家长平时注意引导孩子抵制当前的诱惑，积累延迟满足带来的积极体验，会对孩子的自我控制能力产生良好的促进作用。

TIPS

延迟满足要把握度

在使用延迟满足策略的时候要注意避免“过度”和“不足”两个极端：一个极端是延迟时间过度，即对孩子的要求过于忽略，把孩子的等待时间拉得过长，以致挫伤了他的信心和信任；另一个极端是延迟时间不足，孩子稍有急躁情绪，家长就紧张地前去安抚，让孩子感觉自己的忍耐好像很委屈，被这种策略调教出来的孩子内心比较脆弱，一个小小的“不幸”就有可能使他难以控制自己。

◦ 积极等待法

孩子的自我控制能力在某些场合容易表现得比较弱，例如在电影院等待放映、在飞机场候机、在电视机前等待少儿节目或者小朋友排队等待做某件事情等。凡是涉及等待的场合都将考验孩子的自我控制水平。一般情况下，孩子会有三种表现：特别闹，拳打脚踢、活蹦乱跳，这些属于消极等待；坐着发呆，虽然不惹事，但无所事事，也属于消极等待；做一些有趣的小事情，使自己活跃而不喧闹，不会感觉到等待的漫长和无聊，这属于积极等待。在等待过程中，大人可以适当参与，引导孩子做些小游戏，有些孩子自己也能想出办法找到乐子，那么无聊的消极等待就变成了快乐的积极等待。

在日常生活中就可能出现一些需要积极等待的情境，如果家长善于把握，就能为孩子提供自我控制的方法与榜样。

• 精选案例

一位妈妈和儿子一起去车站接爸爸，结果火车晚点，儿子等了一会儿着急了，想回家。妈妈想了想觉得还是应该再等一会儿，于是就跟儿子一起玩游戏。先是玩变手游戏，妈妈先出“石头”（握紧拳头），然后要求儿子尽快出“布”（伸开手掌），或者相反。熟悉游戏规则后，换成儿子先出手，看妈妈是否能正确反应，因为后出手的人常常会不自觉地跟着先出手的人，却忘记自己应该反着出手，即使出错了也会感觉很有趣，所以儿子乐此不疲地玩了20多分钟，不知不觉就等到爸爸回来了。爸爸本来担心妻子和儿子等待太久，却发现他们很高兴。儿子不住地跟爸爸说与妈妈玩的变手游戏，爸爸放心了，原来妻子与儿子的等待时光是那么快乐。

在日常生活中，有不少家长在等待的过程中先是自己不耐烦，然后面对不耐烦的孩子则变得更加不耐烦，最后反而要求孩子控制自己，静静地待着别闹。对于孩子来说，消极等待是最大的折磨，家长应该静下心来想办法打发无聊时光，引导孩子增强积极等待的意识，学习积极等待的方法，进而提高自我控制水平。

◦ 运动游戏法

良好的自我控制能力需要一定的生理基础，即高级神经活动具有协调的兴奋与抑制过程，科学的运动锻炼能有效地促进孩子的生理发育与成熟，活动不足、缺乏运动会延迟孩子自我控制能力的发展。对于小孩子来说，很多运动游戏既有吸引力，也有助于锻炼自我控制能力。例如“木头人”游戏：家长与孩子一起边走动边拍着手唱儿歌“一二三，我们都是木头人，不会说话不会动”，唱完最后一句时，大家保持最后一个动作不动，谁坚持的时间长，谁就赢了。

◦ 思维游戏法

自我控制需要孩子在遇到新情况或新问题的时候，能够抑制原有的想法和行为，并根据新规则调整自己，产生相应的新观念、新态度和新行为。这种能力不是一朝一夕或者遇到一件事临场发挥出现的，而是在日常生活或者一些相关游戏中逐渐习得的。

家长可以与孩子一起通过做转换规则的游戏来锻炼孩子的自我控制能力。例如，家长与孩子一起画12张卡片，上面画的分别是5张红椅子和5张黑桌子，然后画1张红桌子和1张黑椅子，画完涂好颜色，剪得大小一样，然后开始游戏。把1张红桌子卡片放在左边，1张黑椅子卡片放在右边，将这2张卡片分别作为以下2个游戏阶段的分类标准。游戏的第一阶段是先让孩子把红椅子卡片都放在左边，把黑桌子卡片都放在右边；孩子玩熟练不出错以后，进入游戏的第二阶段，让孩子把桌子卡片都放在左边，把椅子卡片都放在右边。观察孩子能否转换规则，孩子可能会出错，家长可以提醒。

第一阶段的游戏要求孩子按照颜色分类，第二阶段的游戏要求孩子按照形状分类，因为受先前分类规则的影响，孩子经常控制不住自己，无法顺利进行规则转换。这种游戏是从灵活思维的角度训练孩子的自我控制意识。

○行为跟进法

现在的孩子越来越聪明，不但懂得多，而且特别会为自己辩护，这就给家长制造出一些难题——孩子聪明伶俐，能说会道，却说得多做得少。这就说明孩子的观念已经到位，但是行为不能到位，即行为滞后，不能有效地跟进观念，执行水平低于认识水平。这是自我控制能力弱的表现，也就要求家长在孩子形成稳定的自我控制能力之前为他提供一定的外在影响，不断促进孩子的行为跟进自己的思想意识，而不要总停留在只说不做的层面。

例如，孩子上学以后要逐渐培养他的任务意识，让他知道放学回家之后应该做的一件事情是完成老师布置的作业，不管是手工作业、讲故事，还是收集主题教育资料，或者是简单的算术、写字等，都是他回家之后应该优先安排完成的任务。可是由于孩子年龄小，任务意识薄弱，可能会想先玩或看电视，把作业放在最后做，结果到了该睡觉的时间他已经没有精力完成作业了。因此，家长先要跟孩子明确“回家后先做作业再游戏”的规则，如果孩子总是说“等一会儿”，家长要进一步与孩子明确多长时间为“一会儿”，如果孩子说“一会儿”是10分钟，那么就定10分钟的闹钟，闹钟响之后敦促孩子结束游戏开始做作业，促进行为跟进承诺。

家长的这种监督和帮助是促进孩子从他控走向自控的必经之路，因为孩子在获得自我控制能力之前，要先学会配合和接受他人的有益影响。家长为孩子提供一定的外在力量有利于帮助孩子提高执行能力，达到言行一致的效果。

◦亲子关系法

自我控制是孩子发展起来的内在自我力量，而不是外在他人力量。研究发现，权威型的亲子关系有助于孩子发展自我控制能力，而专制型和放任型的亲子关系不利于孩子发展自我控制的能力。专制型家长在教养方式上依赖惩罚。惩罚可以暂时抑制孩子的不良行为，但是不利于孩子内化家长的教导，孩子是慑于家长的严厉才被动服从的，所以他的心理发育只停留在外在的他人控制水平上，一旦缺乏家长的管教与控制，孩子就不再对自己加强管理。放任型家长则对孩子缺乏约束与教导，孩子的规则意识建立不起来，自然随意妄为，无从锻炼自我控制能力。

权威型家长既对孩子有教导，又鼓励孩子发展独立性，亲子之间交流、沟通和商量的机会比较多，孩子在理解的基础上逐渐内化家长的有益教导，即便遇到困难、犯了错误也不害怕、不逃避、不撒谎，而是坦然接纳现实、积极接受帮助、主动调节自我。因此，孩子可以真正成为实现自我控制的主人。

13 大胆大方

精选案例

永泽2岁半，上幼儿园已经两个多月了，妈妈却对儿子的表现很苦恼。一天放学后，她接了儿子去买菜，自己挑菜，儿子在旁边蹲着，可能出于好奇，他用小手摸了摸菜摊上的黄瓜。摊主小声说："小朋友，小心不要把黄瓜弄断。"永泽马上缩回手不敢动了，低头不语，一个劲扯妈妈的裙子，接着哭了起来。妈妈哄也不行，只好一手拎着菜一手抱着他走，真是既尴尬又气恼。妈妈知道，摊主的声音不至于吓着孩子，是儿子小气、矫情。

妈妈发现永泽在其他场合也是这样。在外面吃饭，服务员逗他，他却低头不吱声，让他叫叔叔阿姨他也不叫，显得很没礼貌。在小区里散步，看到别的小朋友玩，他也不参与。妈妈很苦恼儿子变得越来越内向，而1岁左右的时候他曾经是小区里的小明星，那个时候他的举止大大方方，奶奶和阿姨都喜欢围着逗他玩。

妈妈反思可能是自己太小心了，耽误了儿子的进步。以前总是听说街上有人抢孩子、偷孩子、骗孩子，妈妈就不敢让永泽在外面随便走，还告诉他在外面不要随便跟人家说话，不要随便跟人家走，不要随便拿别人给的玩具，也不随便吃人家给的东西，外面有许多骗子拐卖小孩子，她甚至还编了小朋友不听妈妈话，自己在大街上乱跑而导致被拐的故事。妈妈现在特别后悔这样教育孩子，非常希望儿子变得大胆大方一些，像个男孩子的样子。

影响孩子大胆大方的因素

○ 生活在和谐开放的家庭环境中

家庭是塑造孩子行为习惯和性格特点的生活空间，家长则是影响孩子为人处世风格的主角。有研究发现，忧虑害怕与充满恐惧的生活环境有关，自哀自怜与充满被怜悯的生活环境有关，自觉有罪与充满耻辱的生活环境有关，吹毛求疵、谴责他人与充满批评挑剔的生活环境有关，反抗叛逆与充满敌意的生活环境有关，自尊自信与充满鼓励的生活环境有关，赏识别人与充满接纳的生活环境有关，珍爱自己与充满认同的生活环境有关，慷慨大方与充满分享的生活环境有关，大胆有为与和谐开放的生活环境有关。

○ 对外在环境有安全和信任感

孩子的性格需在家里和家外得到一致的锻炼才能稳定发展。现在的很多孩子在家里得到良好的照顾，但是也存在家庭环境封闭保守的问题。有的家长像永泽的妈妈一样对社会不安全因素很担心，所以限制孩子出行；有的家长为了加强安全教育，对孩子讲过多的危险故事和禁令，让孩子感觉外面的世界很可怕；有的家长担心孩子磕碰生病，不让孩子充分活动，结果导致孩子缩手缩脚。外在环境固然存在各种难以预料的不安全因素，但是不能把孩子关在温室里或罩在绝对安全的保护伞下。孩子成长的一个重要任务就是勇于面对现实、敢于接受挑战、大胆细心地尝试，而在日常生活中能获得足够的安全感和信任感，也就获得了大胆大方的心理基础。

◦在公共场合有锻炼机会

不但小孩子存在扭捏胆小的现象，大孩子也是如此，这尤其表现于他们在公共场合的发言与表演行为中。观察发现，不少孩子被老师叫起来发言的时候，经常出现不好意思的扭捏举止。例如，用手不停地扯衣角、揪口袋、抓小辫子；两只手不断地把上衣掀起来盖下去，再掀起来盖下去；一只脚站着，另一只脚在地上蹭来蹭去；眼睛看其他地方，不看小朋友也不看老师；说话声音小得大家都听不见……而同一年龄段来自乐器班、歌唱班、舞蹈班或武术班的孩子，就能在公共场合表现得落落大方、举止端庄，有的孩子起初也扭捏胆小，而经常锻炼之后，就变得大胆大方了。

◦平稳度过心理发展危机

大胆大方是积极的精神面貌，与孩子顺利完成不同心理发展阶段的任务密切相关。美国心理学家埃里克森认为，在个体的不同成长时期，社会提出不同的要求，导致个体原有状态与新要求之间出现不平衡与矛盾，个体因此感觉紧张、不安、胆怯，此即心理发展危机。如果经过努力，个体实现了自身与新要求之间的平衡，就会感觉放松、自信、大胆。因此，个体在人生的任何阶段都有可能出现胆怯退缩的情况，而0～7岁尤为突出，那么家长帮助0～7岁孩子平稳度过心理发展危机就显得更加重要。

TIPS

孩子的心理发展危机

埃里克森研究发现，0～2岁孩子的心理发展危机是怀疑感对信任感的挑战，这一阶段的早教任务是让孩子充满安全感和希望，获得信任感；2～4岁孩子面临羞耻感对自主感的挑战，这一阶段的早教任务是让孩子充满勇敢的意志，获得自主感；4～7岁孩子面临内疚感对主动感的挑战，这一阶段的早教任务是让孩子克服内疚，获得主动感；7～12岁孩子面临自卑感对勤奋感的挑战，这一阶段的教育任务是发展孩子的能力，让孩子获得自我效能感。

培养孩子大胆大方的良策

○ 母亲主动降低养育孩子的焦虑

焦虑是对未来的可能性的恐惧，有些事情尚未发生或者可能永远不会发生，但是焦虑者的担忧情绪一直存在。研究发现，在养育孩子方面，母亲的焦虑明显比父亲强烈，这种情况从母亲怀孕就开始出现，在生育时刻达到高峰，在新生儿和小婴儿的养育过程中继续缓慢延续。也就是说，由于母亲与孩子具有共生关系，母亲更有可能对孩子的生命安全和身体健康产生预感和联想。不可名状的焦虑感会促使母亲产生较为保守的养育方式。

即使存在养育焦虑，母亲也应有足够的意识与力量缓解和克服自己的心理压力。当母亲主动意识到自己产生焦虑情绪的时候，可以采取积极的态度对自己进行心理暗示："我的担心是没有必要的，我只要加强保护措施就没有问题，我没必要杞人忧天。再说并不是我一个人在带孩子，还有爸爸、爷爷、奶奶和阿姨呢，相信我们能共同把孩子带好。看看周围的许多孩子，不都是好好的吗？不要再瞎想了，相信我可以做到快乐与轻松……"

◦增加父亲带孩子的机会

一般情况下，母亲比父亲更加细致。但是对孩子的健康成长来说，孩子既需要母亲细腻的养育风格，也需要父亲粗放的养育风格，两者具有相得益彰的作用。一位爸爸带儿子去了公园，儿子居然敢上弹跳床去弹跳。而之前和妈妈去，儿子一直不敢进去玩，即使在旁边看还需要妈妈抱，但是在爸爸身边他就不那么依赖、撒娇了，立刻显出男子汉本色。可见，父亲与母亲相互配合养育孩子，孩子的个性发展会更加完善。

◦避免孩子被不安全因素吓着

针对现实生活中存在的不安全因素，家长有必要做好保护措施，但没必要告诉孩子其中的全部原因。出去逛街、看电影、买菜、吃饭等，家长不要大意，要保证孩子一直在自己的视线范围以内。有的家长告诉孩子“不要乱跑”，这并不是最好的教育策略，因为带孩子出去就是为了开阔孩子的眼界，新鲜环境也在不断地刺激孩子的好奇心。束缚他的手脚就失去了出门的意义，过于严重的“不要乱跑”禁令会让孩子很为难，甚至会吓着孩子，所以比较好的方法就是家长紧跟在孩子后面，放手让孩子到处走走。经常跟孩子讲太多加强保护的原因会有负面效应。例如，一个孩子非常喜欢坐火车，尤其是在卧铺上睡一夜，让他感觉新鲜又刺激。妈妈却一夜没睡，害怕有人趁自己睡着了把孩子抱走。妈妈跟孩子讲了自己的担心，还忧心忡忡地跟孩子说了不要乱跑的原因，孩子被吓着了，对没见过也没出现过的坏人防范过度，以后出门就寸步不离妈妈了。

◦为孩子提供丰富的生活环境

随着家庭规模的缩小，孩子可以走亲访友的范围越来越窄，总是接触对自己非常了解的亲戚朋友，自然感觉自在放松，但是难以锻炼应对外在环境的心理素质和交往能力。因此，一方面家长要经常带孩子看看爷爷奶奶、姥姥姥爷，到同事朋友家做客交流，如果孩子愿意留下吃饭、过夜，也是不错的锻炼机会；另一方面要多带孩子参加同龄伙伴的集体活动，不管是幼儿园的日托班，还是早教机构的集体游艺，对孩子来说都是陌生感适度的外在环境，其中有同伴的榜样示范和老师创设的游戏环境，家长再积极创造条件鼓励孩子在大庭广众之下大方地说话、唱歌、跳舞、念儿歌、讲故事，孩子渐渐地就能自主地适应新环境，不会再是那个躲在妈妈身后的胆小宝宝了。

◦鼓励孩子不要怕犯错误

随着孩子渐渐长大，孩子的自尊心渐渐增强，做错事、犯错误、失败了会让他觉得很没面子。为了维护尊严、减轻心理压力，有的孩子不自觉地回避挑战环境、不愿出头露面。这反映了孩子具有向往成功、追求完美的良好愿望，但是又采取了不利于取得成功的退缩态度。为了帮助孩子克服人性的弱点，在锻炼中成长，家长需要鼓励孩子不怕犯错误，不因为犯了错误而过分内疚、自责；家长更不要经常对孩子实施粗暴批评、严厉惩罚的教育方式，孩子总是战战兢兢地心怀担忧是不可能大胆大方的。

◦教孩子直接表达愿望而不是抱怨

孩子总有胆小、害怕、委屈、难过的时候，一般情况下，大多数孩子都自然地采取哭泣和抱怨的方式求助家长。家长先要给予理解与共情，下一步还要鼓励孩子直截了当地表达自己的愿望而不是采取抱怨和告状的方式依赖家长为自己解决问题。例如，孩子哭着来告状：“妈妈，他打我……”家长可以引导孩子：“他打你，你很难过，是吗？嗯，确实挺让人难过的……你不想让他打你，对吗？那你试着大声地说一声‘不许打人’（或者‘不许打我’）！”锻炼孩子直面攻击、阻止攻击的勇气。

在家里也是一样，如果孩子的要求因为遭到拒绝而哭，那么家长采取一致的态度要求：想要怎么样，好好说出来，但是不能哭，哭不能解决问题，不哭了可以与家长商量出一个好办法。渐渐地，孩子就揣摩出了独立面对问题的心态。有一个3岁的宝宝就是这样，很多孩子上幼儿园进班后就哭，他不哭，还劝小朋友：“哭，不接；不哭，也不接；下班了，就接。”看来这个孩子通过家庭生活经验已经明白：哭喊和抱怨是没用的，家长该来接的时候一定接。

14 沉着冷静

• 精选案例

冬冬刚2岁的时候，与家长一起在公园里玩，不小心走散了，家长急得到处找，最后发现孩子在停车场一动不动地等待着，丝毫没有紧张、忙乱和惊慌的样子。爸爸妈妈虚惊一场，非常庆幸和惊叹于孩子的沉着与冷静。

琨琨5岁，一天他与88岁的太姥一起待在家里，老人一不小心，重重地摔倒在卫生间门口，晕得说不出话来。琨琨冷静地采取三步救人法。第一步：跑回卧室，拿出枕头给太姥枕上，拽来被子给老人盖上。第二步：给家人打电话求救，先拨打奶奶的手机，可没人接，接着打爸爸的手机，占线！最后拨通了姑姑的电话。第三步：不停安慰老人：“太姥，你不要怕，有我呢。你再等一会儿，姑姑马上就回来了。”还用小手轻轻拍着老人。后来医生说，老人软组织受了重伤，这么大年纪，如果不及时救治会很危险。经治疗，老人已无大碍。

琨琨成为家里人的骄傲：“孩子才5岁，碰见这么大的事，不但没慌，连眼泪都没掉过，太勇敢了。”当别人问琨琨：“看到太姥摔倒了，你有没有害怕？怎么会想到打电话呢？”琨琨说：“怕，但她老那么躺着也不行啊，我得想办法。”

沉着冷静是孩子必备的应激情绪

许多2～5岁的孩子遇到突发事件就会紧张忙乱、恐惧哭泣、不知所措，可2岁的冬冬和5岁的琨琨却表现出惊人的冷静与沉着。作为家长，谁都不希望孩子遇到突发事件，但是万一遇上了，谁也难以保证孩子会不会沉着冷静、安然无恙。所以，培养孩子沉着冷静的应激水平很有必要。事实上，生活中除了突发的大事件以外，许多不期而遇的小事情也需要孩子保持冷静，例如第一次上台唱歌、挑战运动项目新目标、同伴之间出现纷争、自己遭遇失利或失败、计划好的事情突然有变等，都需要孩子沉着应对。

培养沉着冷静的策略

◦ 家长遇事时沉着冷静不紧张

孩子的情绪特点深受家长影响，尤其是年轻的爸爸妈妈，初为父母，缺乏经验，遇到养育难题容易紧张焦虑。家长的不自信、不安、内疚等情绪都会被孩子觉察，并不知不觉地从中习得相似的情绪反应方式。特别是小孩子经常生病，家长首先变成了弱者，以战战兢兢的神情面对疾病，让孩子觉得生病是一件很可怕的事情；有的家长则对孩子生病有负罪心理，会满足孩子的一切愿望，甚至孩子没提要求就过度给予，使孩子发现原来生病可以享受特殊待遇，能换来想得到的一切。因此，常听见有的家长说："孩子刚刚大病一场，现在变得特别娇气，有点要求得不到满足，就哭得像个泪人似的。"有的家长说："生完病，孩子的脾气特别大，不像以前那样乖，总想迫使大人让着他。"

TIPS

沉着对待孩子生病"三部曲"

别让紧张情绪吓着孩子。孩子察言观色的能力很强，虽然不会对家长的话深入分析，但是他们特别善于解读家长的情绪和家庭氛围。当孩子生病的时候，该检查就检查，该住院就住院，家长应把焦虑和紧张掩藏在心里，不让孩子受这种情绪的感染，有助于孩子主动提高自己处变不惊的心理素质。

教育孩子勇敢面对困难。很多家长说："孩子病了以后，好像长大懂事了。”正如老人说的“生病的孩子长见识”，家长比较理性地教育孩子“要做一个勇敢的孩子！爸爸妈妈喜欢勇敢的孩子”，孩子在鼓励下，战胜疾病带来的身体痛苦和心理压力，让他更加勇敢、坚强。

与孩子一起恢复平常心。病愈后，家长心疼孩子是自然的关爱之心，但家长还要主动调整自己，走出疾病笼罩的心理阴影，尤其是面对经常生病的孩子，家长在生活上照顾得还要细心一些，更重要的是渐渐消除孩子在生病期间的脆弱情绪，恢复“阳光宝宝”的本来面目，把疾病变为孩子形成积极性格因素的契机。

◦锻炼孩子自己玩的独处能力

如果孩子经常有自己玩的独处经历，那么偶然遇到大人不在身边，就较少出现六神无主、顿时失去安全感的恐慌现象。然而，在现实生活中，很多孩子因为缺少玩伴，家长觉得时刻陪在孩子身边才踏实。事实上，陪伴成长与形影不离对孩子的意义是不同的，其差别在于家长与孩子之间是否存在既安全又有距离的空间。家长随时准备回应孩子的呼唤与需要，同时又给予孩子自由游戏、独自玩耍的空间，对孩子的成长才是最有意义的。例如孩子在玩耍的时候，为了防止发生危险，起初必须尽可能使他处在家长视线范围内，然后再慢慢增加其独处的机会。如果家长一直在孩子身边，孩子自然就不敢一个人待着，对独处没有安全感，对自己也没有信心，更不会想办法、动脑筋来单独应对问题与困难。如果家长比较用心，从早期就开始慢慢锻炼他与家人保持安全距离，就可以培养出沉着冷静的孩子。

◦经验和常识是沉着应对的基础

沉着冷静不是外表上的不动声色，因为表情发呆、头脑僵化的孩子看起来也不动声色，而沉着冷静是积极动脑、思维活跃的状态，是孩子调动已有经验和知识主动解决问题的过程。孩子的经验和常识积累得越多越丰富，在处理问题的时候，就越能够保持冷静的心态，而不会因为陌生和迷惑产生紧张情绪。

除了冬冬和琨琨以外，现实生活中还有不少类似的实例显示出孩子具备自我救助或者救助家长的常识。例如，妈妈洗澡时煤气中毒，孩子知道先打开窗户再打电话；孩子知道一些常用的急救电话，119、120、999、110等；孩子知道家庭成员的姓名、单位、职务和电话；孩子知道关键的时候向谁求助、怎样求助等。因此，平时多跟孩子讲这些常用和实用的知识，对于锻炼孩子冷静处理问题的能力非常重要。

◦给孩子讲沉着冷静的童话

故事让孩子陶醉在美妙的情节里，也让孩子的心灵悄悄地发生变化。故事对孩子具有教育作用的原因在于故事能使孩子产生投射心理，也就是说孩子会把喜欢的角色当成自己，把自己同化在故事角色的情感、态度、思维和所作所为之中。这样一来，故事角色的知识与经验就渐渐地内化为自己的知识与经验，并有可能在应激环境中发挥作用。所以，家长经常给孩子讲沉着冷静的童话非常有益。例如，大家耳熟能详的《小兔乖乖》，孩子们非常喜欢这三只有着长耳朵、红眼睛和短尾巴的小兔子，也希望自己像沉着、机智的小兔子一样战胜冒名顶替兔妈妈的大灰狼，而且孩子也更容易从中理解沉着冷静的内涵和意义。

◦养育孩子从容而不急躁

从容的日常生活和从容的养育态度会造就从容的心态，然而性情急躁的家长不容易做到从容，过分拘泥的养育也难以做到从容。例如，有的家长严格按照一日三餐、定量进食、营养搭配、定点就寝的规定来安排孩子的生活，见孩子吃得少点、睡得晚点就开始急躁，而孩子难以适应家长的急躁也变得急躁。经常遇事就急躁的孩子不可能保持沉着冷静。

◦教育孩子严肃但不严厉

如果孩子一犯错误就遭受家长的严厉批评与惩罚，同样难以锻炼其处变不惊的能力。因为孩子都害怕家长的严厉态度，所以他也害怕犯错误，而孩子不可能不犯错误，经常受到家长严厉批评与惩罚的孩子犯错误之后的第一反应不是沉着面对现实，冷静解决问题，而是吓得不得了，想办法回避、遮掩、逃脱错误，以免被惩罚。可见，家长不要对孩子采取过于严厉的教育方式。孩子犯错误之后，家长可以严肃地告诉孩子这样做不对，怎样做才对，以后怎样尽量避免错误，但是不要惩罚、吓唬孩子，这样才能培养孩子坦然面对错误和困难的心态。

15 善解人意

• 精选案例

上午10点，1岁4个月的瑞瑞在家待不住了，想出去玩。外婆抱他下楼，发现外面下着小雨，就对瑞瑞说："外面下雨了，外婆回去穿件衣服，好不好？""哦！"瑞瑞答道。一进屋瑞瑞就直奔沙发，外婆以为他要玩具，谁知他扯着外婆的外套衣角，把它递给了外婆。外婆高兴地说："多会疼人的小家伙呀！在给外婆找衣服穿呢！"若是平时天晴的时候，刚抱他下楼又上来，他会又叫又踢又扯地反抗，显得非常固执，而今天外婆一说自己的特殊需求，他就很乐意地配合外婆了。孩子为什么有时善解人意，有时又做不到善解人意呢？怎样让孩子坚持下去，养成善解人意的良好习惯呢？

善解人意是孩子通人情的表现

善解人意是指孩子能够听懂大人的意愿，并能以某种方式体谅与配合大人的意愿，从而形成良好的人际交流与互动。这说明孩子不但能够认识和了解“事物”，还能认识和了解“人物”，这是孩子懂事的表现；同时说明孩子思考问题和做事情不但能够从自己的愿望和需要出发，还能从他人的愿望和需要出发，从而成为一个真正通人情、有人性的小天使。但正如瑞瑞的家长所疑惑的，为什么孩子有时善解人意，有时又做不到善解人意呢？

3岁前孩子的思维特点是以自我为中心，即孩子主要是从自己的角度和立场来思考，偶尔也能站在他人的角度和立场进行观察和思考，所以孩子有时善解人意，有时又做不到。这就需要家长特别注意在日常生活中对孩子进行渗透和影响，使孩子的思维逐渐克服以自我为中心，能够灵活处理“自我”和“他人”之间的不同需求与意见，遇到问题好说好商量，而不是执拗难合作，这样的孩子既有自尊，又能尊重和理解他人，一定是个特别惹人喜爱的孩子。

培养孩子善解人意的良策

◦及时帮助孩子说出他心中有、嘴上无的语言

3岁前的孩子语言发展有限，很多现象他都明白却不会说。善于体察孩子心思的家长能够及时送上关键词和关键句，让孩子一下豁然开朗，知道这种情况应该怎样用语言表达。即使他现在还说不出来，但是他在内心已经理解了，等到发音器官一成熟，他就能脱口而出。这就为他善解人意打下了思维和语言基础。可是有的家长意识不到这一点。

曾经接待过一个妈妈的来访，她说孩子3岁了还听不懂大人的话，

也不会说话。进一步访谈得知，爸爸妈妈平时比较忙，孩子从小就跟着爷爷长大。爷爷最懂孩子的心，孩子一个眼神、一个动作，爷爷马上就明白是什么意思，随即就满足孩子的愿望。但是爸爸妈妈常常对孩子发出的信号一头雾水，不知所措，所以爷爷特别得意。然而，妈妈着急了，孩子3岁了怎么还不开口说话呢？关键的问题是跟他说话，他经常毫无应答。实际上，这是不良养育方式造成的。当孩子有什么需要的时候，家长要用语言替他表达出来：“宝宝是想拿汽车玩具吗？”而不是直接把玩具递给他就完事。如果爷爷累了，孩子还缠着爷爷玩，爷爷可以躺在沙发或者床上跟孩子说：“爷爷累了，想休息休息，一会儿再跟你玩。”这是在教孩子体察别人的心情和状态。如果爷爷强忍着劳累，二话不说地与孩子玩，就失去了锻炼孩子善解人意的机会。

○与孩子一起阅读有“思想泡”的图画书

TIPS

生动的“思想泡”

“思想泡”一般画在故事人物的头上，用来表现人物的思想状态。里面的内容表明人物想做还没有做的事情，“思想泡”下面的内容则表示故事主人正在做的事情。这样对比阅读，可以帮助孩子学习理解他人的思想活动。研究发现，如果没有大人的引导，3岁左右的孩子很少主动关注和分析“思想泡”里的内容；而经过大人有意识的引导，孩子能够关注“思想泡”里的内容。

引导孩子阅读“思想泡”的方法很简单，家长指着“思想泡”里的内容问孩子“他在想什么”，指着“思想泡”下面的内容问“他在做什么”。开始时，孩子回答得可能不正确，但是经过几次引导和训练，孩子就学会阅读“思想泡”了。接着，家长可以引导孩子深度阅读，提示完“思想泡”后，家长问孩子：“他刚才想做什么？”这是锻炼孩子回忆人物的思想，然后对比后面的图画，问孩子：“他现在怎么样了？”这是帮助孩子理解人物思想与行为之间的关系。养成这样的阅读习惯，可以丰富孩子的“阅历”，提高其理解他人的水平。

◦ 常用“我（你）认为（觉得、想要、希望）”之类的表达方式

“认为、觉得、想要、希望”都是表达心理状态的动词，“我”表达一个人的角度，“你”表达另一个人的角度，家长说完“我认为……”以后，接着问孩子“你认为呢”。这种表达方式可以促进孩子积极地理解对方并努力地表达看法，使他认识到别人与自己的心理状态有时一样，有时不一样，并体验在哪些方面一样或不一样。这一过程将有效地培养和提高孩子理解他人和自己心理状态的水平。

◦ 与孩子一起玩过家家等角色扮演游戏

小孩子都喜欢玩过家家游戏，家长也乐意投资，许多家庭都有袖珍版的玩具家具：厨房里的炊具、客厅的沙发和茶几、书房的书桌、卧室的小床和衣柜、各种婴儿玩偶等。但是很多家长买了这些玩具以后就让孩子随便操作了，孩子只是简单地敲一敲、打一打、

摆一摆而已，并没有玩过家家，这是因为家长没有参与和指导孩子的游戏。

TIPS

与孩子一起过家家

过家家是让孩子理解和模仿人物活动的游戏，并不是简单地学一下大人的动作，而是模仿人物的心理与行为。例如，照顾小宝宝的操心与细心，生病时的痛苦和需要的勇敢，过马路时应该小心，大人睡觉时应该脚步轻轻，等等。如果没有成人的参与和引导，孩子玩不出游戏的情节和味道。因此，家长要认认真真地陪孩子扮演角色，边演边说，帮助孩子沉浸在对角色的理解与扮演中。孩子的游戏可能是简简单单的，家长却要富有热情地投入进去；孩子的思维可能是断断续续的，家长可以帮助他补充完整。

◦ 支持孩子的假装游戏

过家家这样的角色游戏对孩子的要求比较高，3岁左右的孩子才能胜任，而假装游戏更适合1～2岁的低龄孩子。实际上，孩子1岁左右就会出现自发的假装行为，例如孩子拿着一个布娃娃，认为它饿了，就拿着一个勺子假装喂它；或者随便拿起一个玩具就当电话使用。这时，家长不要干扰和打断孩子，支持他将假装游戏进行到底，以后会渐渐过渡到角色游戏。

◦营造互相体谅的亲子关系

互相体谅需要倾听和接纳对方，这样双方才能相处融洽、相互配合。家长首先要为孩子做出示范和榜样，平时要尊重孩子的情感和态度，不以权威的态度强迫孩子，而要态度温和，多以商量的口吻跟孩子交流。同时也不能让孩子习惯用各种方式强迫和要挟家长，否则就会形成家长理解孩子、孩子不理解家长的状况，所以家长还要培养孩子的规则意识。因为规则本身就是对他人或公共利益的关照与尊重，这样才能营造出互相体谅的亲子关系。

PART 3

15 种消极情绪的疏导

01 哭闹

• 精选案例

元元10个月了，他在一天内哭闹的时间比较长，次数也比较多，让妈妈感觉非常疲累。元元比较敏感，不喜欢嘈杂的声音，但他偏偏晚上睡觉少，白天睡觉多。妈妈在家活动时总是特别小心谨慎，即使这样孩子也睡不踏实，中间要醒几次、哭几次，每次都需要妈妈亲自哄抱才能再次入睡。睡醒以后他只让妈妈抱着玩，外婆、保姆和邻居一概不行。为此，妈妈外出时必须带着孩子，否则谁都招架不住孩子找寻妈妈的哭闹。妈妈不知道孩子为什么频繁、持久地哭闹，也不知道这种情况在孩子稍微大一些的时候会不会有所改善。它会预示某种性格类型吗?

哭声反映孩子的不同需求

孩子不会用语言表达心思，他用简单而直白的哭声表达复杂多样的生理和心理需求。因此，解读孩子的哭声便成为家长的一项基本功。

◦ 生理性需求

饿了、渴了、热了、冷了、尿布脏了或湿了、周围太吵了、光线太亮了、蚊虫叮咬了……这些外在因素都可能造成孩子身体上感觉不舒服，他需要家长帮助自己做出调整，所以会用哭闹呼唤妈妈的到来。

“我饿了。”

这是孩子最多的一种哭声。当孩子感觉到肚子饿的时候，就开始出现哼哼唧唧、有节奏的哭声，他会不由自主地伸出舌头做出吮乳的动作或者吸吮手指。如果妈妈不予理睬，哭声加大，并伴随四肢蹬踹。如果吃到奶了，哭声立即停止。而食物过稠、过热或者吃的姿势不舒服，他还会哭。对饮食有规律的孩子来说，妈妈根据时间间隔就很容易判断孩子是否应该吃奶了。可是有的妈妈发现孩子吃完奶后不久还会啼哭，那就可能是因为孩子一次没有吃饱，或者吃饱了想找大人与他嬉戏，所以妈妈喂奶时要专心，让孩子一次吃饱，这样才能准确判断孩子的哭声是否表达其他需求。

“我困了。”

新生儿的主要生活内容就是睡觉，如果他累了、困了却无法睡个好觉的话，就会啼哭，而且声音起伏不定，并伴随心浮气躁的动作，例如揉眼睛、抓脸、拍耳朵或者吸吮手指等。如果妈妈带孩子出门，他通常上车后不久就睡，可是下车以后他可能会哭，因为他还没有睡够。新生儿的睡眠规律是一天要睡16小时以上，而且睡大觉与睡小觉相间，所以妈妈要做好记录，掌握好孩子的睡觉间隔。孩子每一次都应该睡到自然醒，不能受到干扰。

“我难受。”

这种啼哭开始时声音较大，以后逐渐变小，且孩子的全身都会躁动不安。妈妈走到孩子身边，查看周围的动静，迅速摸摸孩子的额头、小手、脖子和屁股，检查孩子的全身是不是哪里不舒服，然后进行相应调整，调整之后如果孩子安静下来，就说明妈妈的判断与回应策略跟孩子的实际需求相符合。

◦ 心理性需求

不要以为刚出生的孩子就像一个小动物一样只有生理需求，其实他已经是一个小人了，有自己的心理和情感需求。

“我害怕。”

害怕是人的本能，因害怕发生的哭声具有呼救意义，增强了孩子的自我保护能力。小宝宝会对高分贝的噪声、身体陡然失去平衡、一定的高度、与熟悉的人分离、见到陌生人、身处陌生环境等现象产生恐惧。偶尔一两次刺激，不至于对孩子产生不良影响。孩子被吓哭时，给予他安抚就可以了。

“注意我！”

当孩子身体上没什么不舒服的时候，他还有可能闹别扭。例如，睡觉前哭闹一会儿，好让妈妈多抱一会儿；自己躺在小床上有一阵子了，妈妈怎么还不来呀，哭两声吧；不要阿姨陪自己玩，要妈妈”；妈妈在抱别的小孩子，这样绝对不行……这些哭声都是为了吸引妈妈的注意力才出现的，声调平稳，具有试探性，根据妈妈是否满足自己的心理需求而决定哭声的高低、长短和间歇。

“真气人！”

新手妈妈常常会出现对孩子心语判断错误或者延迟反馈的现象，这会激发孩子的恼怒。例如，被角盖住了眼睛，妈妈却没有发现；帽子戴得比较紧，妈妈却不知道；奶嘴太小，吃奶费力……孩子因为这些原因感觉失望、生气而哭泣，哭声不大却不耐烦，通常后背弓起表示抗议，头部来回转动。如果妈妈能及时发现自己的问题并帮助孩子解决困难，孩子的哭声就停止了。

“我只爱你！”

随着孩子不断成长，他啼哭的目的性越来越强。对于妈妈来说，区别出孩子不指向任何人、主要由于生理需求而发生的啼哭与专门指向某个人才产生的啼哭，是非常重要的。因为具有指向性的啼哭意味着孩子的依恋水平进入了新的发展阶段。依恋是孩子与特定对象之间的感情联结，分为三个阶段：0～3个月的孩子处于无差别的依恋阶段，孩子还不认人，对谁的反应都一样，没有明显的偏爱；3～6个月的孩子处于有差别的依恋阶段，孩子能够区别出熟人和生人，对熟人的反应比较积极，排斥陌生人，对妈妈、爸爸、爷爷、奶奶、阿姨等熟悉的看护者有依恋感；6个月～2岁的孩子处于依恋对象单一化阶段：孩子能够把主要看护者从熟人中辨别出来，并表现出强烈的依恋，他们一离开，孩子就焦虑、哭喊，而且谁与孩子朝朝暮暮在一起，他就依恋谁。妈妈通常是孩子最依恋的人，只要妈妈在身边，孩子就拒绝别人陪伴自己，否则就哭闹。

“我很特别。”

面对同样的情境，不同的孩子啼哭的强度、持续的时间是不同的。

例如，两个孩子同样因为害怕陌生环境而啼哭，但是一个孩子很快就被妈妈安抚了，另一个孩子很长时间还在闹别扭，让人感觉手足无措。出现这种情况并不一定是妈妈不理解孩子的需求，而是每个孩子的先天气质不同。易养型气质的孩子，负面情绪不强烈，持续时间不长，容易获得他人的安慰、帮助和喜爱，负面情绪调节得比较快，易于适应新环境。难养型气质的孩子，负面情绪较多，反应强烈，比较执拗，容易哭闹而且长时间拒绝别人的帮助，容易使亲子关系、师生关系和同伴关系有所疏远。

如果孩子天生就是难养型气质，妈妈需要做好充分的心理准备，用特别的爱心和耐心接纳孩子敏感的、强烈的，甚至暴躁的脾气，理智地克制自己的急躁和烦恼，否则孩子的坏脾气和妈妈的坏脾气相互作用，两人的脾气都将越来越坏，亲子关系也会越来越紧张。如果妈妈的坏脾气“压服”了孩子的，孩子以后将变得要么攻击性强，要么退缩性强。

◦ 病理性状况

如果哭声比较尖锐、短促，持续时间比较长，并伴随握拳蹬腿、烦躁不安等状况，给予生理照顾和心理慰藉都不能安抚，孩子就有可能出现了病理状况，例如呼吸系统、消化系统、泌尿系统甚至神经系统出现问题导致孩子鼻塞、发热、疼痛等。因此，孩子便用哭声来提醒妈妈要立即寻求医疗帮助。

哭闹调节方式影响孩子性格

哭闹是孩子寻求自我保护的自然现象，但家长对待孩子哭闹的态度和调节方式却是一种教育，对孩子的心理和性格将产生影响。在成人世界里，哭闹是遭遇挫折、情绪爆发的表现，新手爸妈也容易这么看待孩子的哭闹，于是一旦孩子的哭声响起，妈妈爸爸就骤然紧张、手足无措。殊不知，在这种没有区分的态度和行为中，有些孩子就形成了依赖性，在遇到问题自我镇静、自我调节方面就比别的孩子落后了一步。有些妈妈没有意识到，在平常得不能再平常、简单得不能再简单的亲子互动关系中，孩子可能形成令人喜爱的性格，也可能形成比较麻烦的性格。

家长调节孩子哭闹情绪的方式大概有三种，不同的方式将对孩子产生不同的影响。

◦ 毫无应答

对孩子的哭声采取冷漠忽略的态度，不为孩子长时间、大声音的哭闹所动，并以为这样就能使孩子明白哭闹也没有用，以后就不再哭闹了。其实不然，外界的冷漠忽略会让孩子对这个世界产生不安全感，容易形成烦躁、焦虑和恐惧的心理，不利于积极性格的形成。

◦ 立即应答

马上和直接满足孩子的需求。孩子的需求和妈妈给予的满足之间只有很短的时间差。这样确实能很快并直接安抚孩子的情绪，但是长久下去，孩子容易形成依赖心理，凡事都会等待别人的帮助，自己不主动想办法排解情绪、解决问题。

TIPS

让宝宝哭 90 秒

对于小宝宝来说，哭是一种身体锻炼，可以发展他的呼吸系统与发音系统，增强孩子对口腔、双唇、舌头、下巴和上颌以及声音的感觉经验，进而为语言的发展做准备。所以，不是宝宝哭声一响，就要立即安抚。

一般情况下，如果家长能在 90 秒内对孩子的哭声产生回应，并在 10 分钟之内使孩子安静下来（难养型孩子则不一定），就说明家长能应对孩子的啼哭。90 秒的含义是孩子哭声响起之后，家长不宜超过 90 秒还对孩子不理不睬，否则将花费更长的时间来哄孩子不哭。10 分钟的含义则是家长经过尝试之后能够较为准确地判断孩子哭闹的原因，并用适宜的方法安抚孩子，否则说明家长还需要进一步用心解读孩子的心思，并摸索出一套适合孩子个性的养育策略。

◦积极应答

对孩子的需求积极回应，但不是提供立即和直接的满足，这样既让孩子获得安全感，又锻炼他的延迟满足能力，提高他面对挫折的自信心和自助能力，形成孩子充满爱但又不依赖人的良好心理。积极应答的方法可参考以下缓解孩子哭闹五部曲。

调节孩子哭闹情绪五部曲

孩子哭闹的原因不同，家长的反应也应该有所不同。家长对孩子的帮助是必不可少的，但这不意味着孩子就学不会自我镇静和自我调节，他的自主能力是在家长对孩子既有所助又有所不助的养育技巧中渐渐获得的。

◦ 观察判断

由于孩子哭闹的原因是不同的，所以家长先要对他的哭声进行观察和判断。在孩子哭闹的原因中，除了病理性状况需要妈妈立即应答以外，生理性需求和心理性需求都不需要立即应答，而是需要积极应答。积极应答的步骤依次为声音慰藉、依恋慰藉和身体慰藉，最终的目的是培养孩子渐渐学会舒适自慰。

◦ 声音慰藉

当孩子哭闹是因为有生理和心理需求时，妈妈先远远地答应一声（第一种声音），让孩子知道妈妈就在自己求助的安全地带，接着妈妈的脚步声（第二种声音）又让孩子在希望中等待了几秒，然后妈妈面对孩子轻柔地聊上几句（第三种声音）：“宝宝想妈妈了，是吗？妈妈知道你想要做什么，这就来帮助你。”又是几秒钟过去了，孩子快乐的承受阈限一点点在升值，他的自我镇静信心一点点在强化，对性格的积极影响也一点点在加强。

◦ 依恋慰藉

声音慰藉已经在孩子面前出现三种，持续将近1分钟了，妈妈还不要急着抱起孩子，可以在他面前晃动一个玩具或者妈妈经常使用并带有体味的小手帕，孩子又在积极的状态中等待了几秒。渐渐地，他就会对这些物品产生依恋，当妈妈暂时不在的时候，这些依恋物就会对他产生安慰作用，这样孩子对人的直接依赖就转化为对物的依赖。在此过程中，孩子的独立性和自信心已经增强了。

◦身体慰藉

抱起孩子满足他的生理或心理需求，孩子和妈妈都在这种亲密的身体接触中得到慰藉，但是经过声音慰藉和依恋慰藉的孩子已经变得坚强、自信和乐观了。如果妈妈听到孩子的哭声，立即一声不响地直接满足孩子的需求，那么孩子就会建立别人对自己有求必应的依赖性心理，他面对挫折的自信心和自我调节能力就没有得到锻炼。

◦舒适自慰

如果孩子已经很平静了，妈妈可以试着把孩子放回小床、小车里，让他自己快乐地玩一会儿，这是五部曲中不可或缺的一个环节。因为妈妈安慰孩子的目的是让他学会舒适自慰，而不是使他成为离开妈妈就紧张不安、不知所措的依赖性强的孩子，否则妈妈该不放心了。特别提示爱心细腻、年富力强、时间富余的全职妈妈更要完整地坚持五部曲，这样可以使你对孩子每一秒的爱都得到升华。

整个过程中，孩子所获得的不仅是生理和心理上的满足，还有自我镇静给孩子自己带来的舒适感和灵活性，这是妈妈无法给予孩子的。积极应答孩子哭闹的五部曲不但在孩子婴儿期是非常有益的，而且在整个童年期都有助于孩子形成良好的心理与性格。所以，家长不要急躁，要长期坚持采取积极应答的科学育儿方式，这对孩子一生的发展都有积极的促进作用。

02 胆怯

精选案例

雅琦是个女孩，宇清是个男孩，都是18个月大。他们的父母都是大学教师，还是好朋友。他俩都是聪明的孩子，手眼协调能力、小肌肉运动水平发展得都不错。两个妈妈带他们来0～3岁亲子学校就是要锻炼孩子的胆量，因为他们看见陌生人不敢打招呼，有新玩具也不敢玩。妈妈们说从来没有给孩子讲过鬼故事，也没有吓过他们。而且，她们自己比较胆小，不知道孩子是否遗传了这一特质，希望自己的孩子具有开放、勇敢的品质。

胆小害怕对孩子有保护作用

孩子的心灵是一个令成人困惑的世界，在我们看来很普通的事物或现象，孩子却可能会害怕。但是绝大多数孩子都能自然地、快速地摆脱恐惧并长大成人，这是因为孩子具有自我保护和自我调适的潜能。胆小害怕还说明幼儿对新事物的体验比较敏感，观察得比较细腻。这些虽然妨碍了他接纳新事物、适应新环境的速度，可是害怕和恐惧作为新生儿既有的本能情绪之一，对人具有保护作用，有助于提醒孩子采取更安全、更慎重和更有益的方式协调他与外界之间的关系，例如观察、等待、迟疑、躲闪、回避、求助、呼叫、尝试、探索等。因此，在孩子建立安全感之前，家长一定要有宽容之心，耐心等待孩子按照自己的进度对外界事物和环境保持适度的谨慎，而不要强迫孩子迅速适应新环境。

不同年龄阶段有不同的害怕

胆小害怕在儿童的发展过程中是一种具有普遍性的情绪体验。研究发现，正常儿童中，90%以上的幼儿会有不同程度的害怕心理；40%的2～4岁儿童至少害怕一种东西；43%的6～12岁儿童害怕七种以上的东西。

不同年龄阶段的儿童有不同的害怕对象，他们年龄偏低的时候害怕以生理、物理和物质环境为主的自然现象，渐渐地会害怕以想象、交往、自尊为主的心理和社会现象。

0～6个月：高分贝的噪声，突然而来的声响（例如打雷声、鞭炮声、警笛声），身体陡然失去支撑。

6个月～1岁：一般意义上的陌生人和生疏的环境。

1～2岁：独睡，与父母亲人分离，受伤，医生，坏蛋，丑八怪。

2～3岁：黑暗，孤独，父母吵架。

3～5岁：失败，被嘲笑，被拒绝，被惩罚，想象中的怪兽，强盗，黑影。

检验孩子的胆怯是否正常

惧怕与儿童身体发育的状况和应对能力有关，会随着儿童体力、智力和经验的发展而不断消失和变换。一般来说，正常发育过程中出现的害怕和恐惧为时短暂，一种惧怕很少持续一年以上，多数在3个月内消失，很少会对儿童的行为产生严重影响。

孩子的害怕属于正常还是病态，可以根据下列问题进行测定。

①孩子的胆怯不安是否只是针对某个事物或现象，与这个事物或现象相关的其他因素不会引起他的恐惧。比如，孩子害怕狗，他只是见到狗才不安，与狗相关的毛绒玩具不会引起他的惧怕。

②离开了受惊物或现象后，孩子的惧怕反应是否随之消失。

③在看图片、电视或一般的谈话中，如果孩子看到或听到他所惧怕的事物或现象，是否表现出无所谓的样子。

④经历了恐惧以后，孩子的日常生活是否不受影响。

如果对以上问题的回答都是“是”，说明孩子属于正常发育过程中的胆小害怕；否则说明孩子可能存在心理隐患，尤其是孩子害怕到了如下程度就是不正常了。比如，惧怕的持续时间超过4个星期，影响正常饮食、睡眠、游戏或交往，以至于丧失某种能力，伴随明显的症状——

心律过速、头晕眼花、恶心和失禁等，就需要到医院就诊。

调节胆怯情绪的操作要领

◦用肢体语言安抚孩子的害怕情绪

如果孩子是被突如其来的事物或者现象吓着了，例如闪电打雷、陡然摔倒等，家长可以态度镇定地说："来，宝宝，妈妈抱抱……现在没事了。"家长可以用温暖的拥抱和温柔的话语安抚孩子的紧张情绪。对于稍微大一些的孩子，摸摸他的头或者拉拉他的手，都可以给他传递克服恐惧的心理力量。

◦见多识广的孩子通常勇敢而不胆怯

孩子在1～3岁会有一段时间比较害怕陌生人和陌生环境，包括家长自认为熟悉的朋友或同事，孩子也可能不愿意接近。这是孩子认知发生水平提高的表现，他需要一个自己建立安全感的过程。家长不要强迫孩子立即接受新环境和陌生人，而要平时多带孩子与人交往，孩子见得多了，就不再保持高度警惕和紧张的状态了。

◦通过提高认知克服胆怯心理

3岁以上的孩子想象力丰富了，如果听了、看了较多吓人的故事，会因为产生联想而害怕，尤其是3～4岁的小朋友容易把想象的事物与真实的事物混淆在一起。家长要经常用简单的语言告诉孩子这是真的、那是假的，假的不用怕，从而通过提高认知的办法帮孩子克服恐惧心理。

◦ 获得解决问题的能力以消除畏惧

4岁以上的孩子自尊心增强了，有些害怕来源于因经验和技能不足导致的失败，家长既不能跟孩子一样在意得失成败，又不能让孩子感觉家长太不在意自己的失败体验。家长可以鼓励孩子倾诉，把关注点放在事件发生的情境上，而不是责怪孩子的害羞行为上，尽可能地参与到孩子的活动中来，从中了解孩子遇到的具体困难是什么，然后指导他解决问题的具体策略。孩子的能力提高了，对一个具体事物的畏惧也就随之消失了。

◦ 不要让孩子太依赖成人

众所周知，包办代替会导致孩子依赖成人，结果孩子不但懒于动手，还懒于面对困难与挑战，这成为造成孩子胆小畏惧的重要原因。所以，家长要放手让孩子做自己的事情，遇到难题也不要完全帮助孩子解决，给孩子留出一定的适应空间和锻炼机会。千万不要总是迁就孩子，否则孩子年龄增长了、个子长高了，但心理承受能力仍然很弱。

◦ 对害羞的孩子要特别有耐心

害羞具有一定的天性，有的孩子总是比别的孩子更害羞、胆小一些，这不是家长能“扳过来”的，应尽可能让他按照自己的节奏克服胆怯，不要急着采取行动克服胆怯。在希望孩子有明显改善之前，先给他几个星期甚至几个月的休整时间。

另外，可以用系统脱敏法帮助孩子消解恐惧情绪。

TIPS

家长的不宜行为

○常常吓唬，比如说：“别哭，老虎来了！”“再闹，警察抓人！”“不要乱跑，外面有人抓小孩去卖！”

○过度保护，因为家长的保护不能帮助他摆脱所有的恐惧。

○心情急切，强行让孩子面对新事物、新环境，而孩子这时还在观察、在审视。

○过分关注，因为这样不仅迁就了孩子的胆小，还有使他更害怕的可能。

○生气嘲笑，害怕已经产生而孩子不敢释放，压抑则会使情感受到更大伤害。

03 任性

• 精选案例

天黑了，起风了，有点儿冷，乐乐还在外面玩，不愿意回家。按照自己一贯主张的尊重孩子、不强迫孩子的教育原则，妈妈开始劝乐乐。她蹲下来对乐乐说：“你看天黑了，对不对？”乐乐点点头，说：“对。”“那我们该回家了吧？”乐乐摇摇头，说：“不。”妈妈接着劝乐乐，边说边摸摸乐乐的衣服：“起风了，有点儿冷吧？”乐乐点点头，说：“是。”“那我们该回家了吧？”乐乐摇摇头，说：“不。”妈妈很有耐心，亲子继续对话：“爸爸早就回家了，肯定已经把饭做好了。”乐乐没有接话。“饭凉了就不好吃了，弄不好还会拉肚子，挺不舒服的，生病打针更不舒服。”乐乐点点头。“那我们赶紧回家吧。”“不要。”“那你怎样才愿意回家？”“咱们吃肯德基吧。”为了避免着凉，妈妈就顺从了乐乐的意愿。

据老师反映，乐乐平时是很懂道理也很会讲道理的孩子，但是只说不做，做起来只遵照自己的道理，常常把别人的道理抛之脑后。他虽然不吵不闹，但是说服他很不容易。

任性分为硬任性和软任性两类

时常有家长说：“我们的孩子闹起脾气来，任何人都吃不消。他三餐从不按时，想吃就得吃，而我们吃饭时，他准是在一旁玩个不停，而且最好有人陪在他身边。如果硬劝阻他，他会哭闹不止。”这样的孩子属于硬任性型的，就是用明显的、强硬的方式表达自己不屈不挠的愿望与需求。像乐乐这样的孩子属于软任性型的，用不温不火的态度坚持自己的意愿，不轻易妥协。

硬任性通常伴随哭闹、踢打、攻击等行为，存在安全隐患，容易激惹成人的情绪，家长因此感觉焦虑，希望改变孩子的愿望比较强烈。软任性不伴随过激言行，仅是用不可动摇的平静抗拒而已。家长容易顺从孩子，并认为孩子难以改变。从心理学角度来看，不管是硬任性还是软任性，都是个性偏执、缺乏灵活性和自我管理能力薄弱的表现。任性心理得不到纠正的话，会妨碍健康情绪和健全人格的正常发展。因为任性会导致孩子无法正确认识和判断事物，个性固执，不明事理，不善与人交往，容易因不被别人接受而陷入孤独，难以适应新环境和新任务，经不起生活的考验和挫折，对孩子的健康成长不利。

导致孩子任性的因素

◦ 误以为任性是个性的表现

在当代社会，人的个性发展得到鼓励和支持，但这需要人们对个性有一个正确的认识与理解，妥善处理个性与社会性发展之间的辩证关系。实际上，有的家长忽视社会性发展对孩子个性形成的重要性，把自由任性当作个性；还有的家长把个性片面地看成与众不同的特殊与另类……这些都是对个性和个性教育的误解。良好的个性并非我行我素、缺乏合作性与通融性，而是善于听取别人的建议，具有令人愉快的共处能力；良好的个性也并非为所欲为、无视规则，而是具有审时度势的灵活性与变通性。因此，我们要培养孩子的健康个性，而不是任性的不良情绪。

◦ 对孩子无原则地宽容与迁就

很多家庭都是大人关爱孩子的需求与成长，即使带孩子比较辛苦劳累，每个人搭把手，孩子也就拉扯大了。当孩子哭闹的时候，家长很容易降低要求：“算了吧，就依了他吧。”结果对孩子无原则的宽容与迁就，放纵了孩子的任性而为，让孩子无形中把“自己说了算”当成一个法则。从孩子健康成长的规律来看，宽容是一种爱，但无原则地宽容是害。

◦ 过度依赖讲道理的教育方法

现代家庭教育出现一种现象，家长特别爱讲道理，孩子特别爱学知识，因此经常可见有的孩子善于听、善于讲，却不善于做。这样的孩子思维比较活跃，语言表达能力强，很讨大人的喜欢，而到该落实行动的时候，就不愿意了，家长反而乐呵呵地当着孩子的面说：“这孩子真聪明（或狡猾）！”这就给孩子传递了欣赏和肯定的信息，所以他会继续维持行动滞后于思维的状态，造成孩子思维与行动的脱节——他会认为道理是这样，行动却可以不这样，这是导致孩子软任性的主要原因。所以，家长不要过度依赖讲道理的教育方法，还要加强说到做到的行为执行力度，提高孩子思维与行为一致的水平。

◦ 孩子掌握了要挟家长的情绪策略

孩子在表达愿望的时候具有以自我为中心的特点，他会不断探索、琢磨和总结让家长尽量满足自己的策略与方法。如果他多次尝试发现只要生气不理人或者大闹就能心想事成，他就掌握了用情绪要挟家长的策略，而情绪化是任性的最显著特征。这是孩子不知不觉的“学习”过程，也是家长不知不觉陷入误区的过程，所以家长要提醒自己：孩子越发脾气，自己越要保持冷静，不要心烦意乱地随意顺从孩子，要“挫败”孩子用情绪要挟家长的心理。

克服任性的操作要领

◦ 让孩子分清合理与不合理要求

满足孩子合理的要求，如暂时满足不了，应和孩子讲清原因，培养他延迟满足的耐心；拒绝不合理要求，也要跟孩子讲清为什么不合理，绝不能因为孩子哭闹而迁就。对他的哭闹，谁也不要理睬，而且停止哭闹后要对他“冷淡”一段时间，待他沉不住气主动接近大人时，严肃地讲清不满足他无理要求的原因，指出他任性不对，让他保证不再这样做。

◦ 批评的态度与内容一样重要

表扬与批评相结合对预防和矫正任性很重要。表扬让孩子知道可以做什么，批评让孩子知道不可以做什么，只是表扬或者只是批评是不够的。批评孩子的时候，态度与内容一样重要：冷静且坚定，不祈求也不威胁，不高声叫嚷，不激惹孩子逆反。提要求的口吻要肯定且亲切，易于孩子接受。

◦ 孩子发脾气时不予理睬

很多道理孩子已经明白，再说无效，但他仍然按照自己的意愿行事，家长不同意，他就用发脾气来吸引家长关注自己。这时家长可以不予理睬，假装没有看见，保持平静，继续做自己的事。如果他继续加大强度，家长可以走过去对他说："我听见你的动静了，但是这样不可以（例如饭前吃零食），你是明白的。对于已经明白的事就不要胡搅蛮缠了，继续发脾气是没有用的。"当孩子发现自讨没趣，真的没人搭理他，就会"鸣金收兵"了。

○ 对小宝宝采取转移注意力的方式

1岁以内的小宝宝任性的时候，家长跟他讲道理如对牛弹琴，不予理睬又不忍心，这时候可以根据他注意力短暂的特点，采取转移注意力的方式调节他的情绪。例如，带孩子离开现场，到一个全新的地方，可能会有用；给他一个可以接受的东西，便安静了；有时可以幽默一下，做个鬼脸，把袜子套在手上，把纱巾围在头上假扮老奶奶，他一笑，事情就过去了。

○ 处理好"第一次"

凡事都有第一次，家长要特别关注和处理好"第一次"。表扬孩子出现的第一次适宜行为，以鼓励他发扬光大；对于第一次打人、第一次随便扔东西等不适宜行为，要留心并马上处理，用眼神、摆手、摇头表示不同意，并对他讲不能这样做的道理。

○ 约法三章，提示在先

当家长发现孩子有时会任性的时候，孩子通常已经不是第一次了。家长要对孩子多留心，约法三章，提示在先。任性属于缺乏自律的行为，约法三章就是让孩子明白自由不是无边界的，任何自由都有一定的限制，没有绝对的自由。比如，零食可以吃，电视可以看，但是只能在规定的时间内行使这些自由，其他时间不行，这样就形成了规矩。家庭生活尚且如此，社会生活更是如此。如果家长不善于给孩子立规矩，在教育孩子时优柔寡断，或者对孩子的不合理要求不坚决拒绝，这种放任的态度会导致孩子任性。同时，家长还要用事先约法三章的办法来预防孩子任性，比如出门玩以前就告诉孩子，今天去动物园不走猴山那边，不看猴子，只看熊猫、老虎和狮子。

◦ 将计就计

每个孩子发脾气的表现不一样，家长可以在保证安全的情况下，让他的情绪得到宣泄，并且达不到要挟的目的。比如，有的孩子打滚，家长干脆拿一条大毯子，让他滚，等他“锻炼”完身体，感到累的时候就自动停止了；有的孩子爱摔东西，家长拿一个耐摔的东西，随他去摔，他摔一会儿就觉得没意思了。同时，这两种行为对他也失去了满足自己愿望的工具意义。

◦ 通过群体生活矫正任性

群体生活中的一个重要原则是少数服从多数，个人的意愿与大多数人意愿不符，就会被否定。任性在群体生活中无用武之地，任性的孩子可以在群体生活中得到改变。孩子需要在同伴群体中建立合作伙伴关系，不能只顾自己的情绪、兴趣或利益，还要考虑别人的需要和利益，双方达成某种妥协，才能共享快乐。做什么事情都很任性的孩子很难有同学和朋友喜欢与他玩，因此家长要让孩子在群体生活中接受锻炼。家长应鼓励孩子从家里走出来，让孩子任性的小脾气在群体生活中无用武之地。

04 黏人

精选案例

在家休息一年之后，张女士要上班了。可是宝宝很黏她，早上哭得撕心裂肺，不让她上班。为了避免这种情况，张女士就早点起床，趁宝宝还没有醒的时候悄悄走。保姆总说孩子发现妈妈不在身边，哭了很长时间。晚上回家的时候，宝宝就一直依偎在妈妈身边，寸步不离，特别担心妈妈会走。即使到了夜里宝宝也迟迟不肯睡觉，仿佛明白自己一闭上眼睛，妈妈就会偷偷走掉。张女士觉得这样对孩子太残忍了，决定请假在家里照顾宝宝几天。宝宝早上起床发现妈妈没走，果然很开心，但是从此更加黏妈妈了，白天在家谁也不要，只要妈妈跟自己玩，晚上也只让妈妈陪自己睡觉。张女士觉得非常辛苦，自己什么事情也做不了，不知道该怎么办。

孩子黏人的原因

◦ 处于特殊依恋时期

0～3岁期间，孩子要发展一种重要的亲子关系——依恋，这是孩子与特定对象之间的感情联结。在不同的年龄段，孩子的依恋对象及程度不同：0～6个月处于对家人的普遍依恋，只排斥陌生人，对妈妈、爸爸、爷爷、奶奶、阿姨等熟悉的看护者都有依恋感；6个月～2岁处于依恋对象单一化阶段，他能够把主要看护者从熟人中辨别出来，并表现出强烈的依恋，尤其是母婴依恋，当依恋对象一离开就焦虑、哭喊。当然，这个依恋对象也有可能是爸爸、爷爷、奶奶、阿姨，谁与他朝朝暮暮在一起，他就依恋谁。这就是2岁宝宝特别黏人的根本原因。

◦ 属于反抗型依恋的孩子

孩子的依恋类型分为以下三大类。

安全型依恋的孩子也会产生分离焦虑，但是他很容易被劝好，只要得到大人的温暖和帮助，再加上积极的态度和良好的抚慰策略，他很快就能恢复平静。

回避型依恋的孩子比较腼腆，新人和新环境的变化不会引起他们太大的情绪波动，照看起来比较省心。

反抗型依恋的孩子适应新人和新环境的变化速度比较缓慢，焦虑情绪反应激烈，不能马上接受别人的抚慰而安静下来，消极情绪持续的时间比较长。这样的孩子不易转移依恋对象，比较黏人，特别需要家长有较好的耐心接受这一特点，慢慢等待和帮助孩子逐渐适应新人和新环境。张女士1岁多的孩子正处于特殊依恋时期，而且属于反抗型依恋，所以孩子特别黏人。

◦ 不善于独立游戏

不善于独立游戏的孩子也比较黏人。每个孩子都有自己玩的能力，只不过每个孩子独立游戏的时间长短和水平高低不同。

独立游戏水平高的孩子可以自己玩很长时间，不总是黏着大人游戏，在大人的建议下可以做到在一定时间内不打扰别人，通情达理，容易带养。乔女士的女儿梅梅就是这样，从小到大都没有黏大人的习惯，自己特别会玩，带起来省心。上了幼儿园以后，梅梅跟小伙伴相处得也很好，大家都喜欢跟她玩。回到家里，爸爸妈妈只管忙自己的家务事，她就找些有趣的事情做。如果爸爸妈妈腾出手来陪她玩，她就跟大人配合着玩。尤其是到了暑假，大人都喜欢中午小睡一会儿，梅梅想睡就睡，不想睡就玩，一只折纸小鸟她都能玩一中午。如果不想玩了，梅梅也不叫大人，自己爬上小床就睡觉了。

矫正孩子黏人的操作要领

◦ 孩子专注的时候不打扰他

专注的孩子能长时间地把注意力集中在一个事物上，其实正常的孩子都能做到这一点，但是家长的某些态度和做法阻碍了孩子专注品质的发育。例如，孩子喜欢反复听某一个故事，大人讲许多遍，他都不感到厌烦，后来大人不耐烦了，不再理睬孩子，他只好被动放弃。蒙台梭利说：“专注是科学家的品质。”当孩子正在专注的时候，家长要像尊重科学家一样尊重孩子的专注，不要轻易打断孩子。与此同时，家长也收获了养育孩子的轻松与自在。

◦ 支持孩子选择自己的玩具与玩法

有自主精神的孩子善于安排自己的活动，他们会选择玩具和玩法，并创造新的游戏。长期习惯于听大人发话的孩子总是等着父母分配任务，当父母给他自由让他独处的时候，他反而不知道要干什么，为了摆脱寂寞、无助和无奈，他就使劲缠着大人，以求从中获得安慰和快感。其实，不光孩子是这样，成人何尝不是如此！有些人习惯于被公司安排工作，轮到节假日倒不会休闲了，以至于发呆、郁闷。因此，当孩子在自己尝试某种玩法的时候，家长不要自以为是地干涉他，自得其乐的孩子才有机会锻炼和发展水平更高的独立游戏水平。

◦ 坦然地忍耐宝宝的速度

忍耐是养育孩子必备的心理素质，而且完全不是出于被动无奈才去忍耐，而是因为百分之百的爱与坦然的接纳才去忍耐。忍耐意味着家长允许孩子依据自己的时间、速度与节奏进行游戏与活动以及适应新环境，而不是按照父母的主观愿望和要求去做这些事。如果孩子正处于6个月～2岁的特殊依恋时期，而且属于反抗型依恋，那么家长就要毫无怨言地接受这一特点，慢慢等待和帮助孩子逐步适应新人和新环境。当经历了一个完整的“纠结”过程，孩子必然能够成长一大步！

◦ 确定一个能给予孩子安全感的替代物

家长和孩子相处的时候可以固定播放某一段乐曲，孩子渐渐地就会把这段音乐跟家长联系在一起，获得了相应的安全感。当家长想做自己的事情的时候，让这段音乐代替自己陪伴孩子玩一会儿是没有问题的。同时，此举还培养了孩子的音乐感受能力，是一举两得的好事。

◦ 妈妈对孩子依恋他人“不吃醋”

如果孩子很小就被其他人养育得较多，他就可能对这个人产生依恋情绪，这种情况在当代越来越普遍。农村有很多年轻的父母出外打工，城市里很多年轻的家长经常出差在外、学习在外或者留学国外，幼小的孩子作为“留守一族”，便对父母以外的看护者产生依恋心理，对亲生父母反而陌生了。这是孩子心智发展的正常表现，妈妈心酸是可以的，但是不必“吃醋”。如果强迫孩子亲近自己，可能适得其反。妈妈要摆正心态，尊重孩子已经形成的情绪、情感。只要父母一如既往地关爱孩子，随着孩子依恋水平的继续发展和心智的成长与成熟，他会认识并爱恋爸爸妈妈的。

◦ 妈妈不霸占孩子对自己的依恋

孩子对妈妈的依恋让妈妈很有成就感，并由此承担起更大的爱护责任，但有的妈妈也形成了舍不得放手让孩子离开自己的保护网的倾向。这会强化孩子的分离焦虑，妈妈也难免会陷入焦虑。所以对于处于特殊依恋期的孩子，妈妈要积极回应他的各种需求，同时舍得放手让孩子自己玩、与他人玩，不要过分霸占孩子对自己的依恋，开始循序渐进地培养他的独立性，鼓励孩子乐意并学习跟其他人玩，尤其是和幼儿园的小朋友和老师玩，这样孩子的社会性才能发展得更好。

◦帮助孩子扩大依恋对象

成人是孩子早期发展最重要的人力资源，孩子1岁以后，家长要积极帮助他寻求和建立良好的同龄伙伴关系，发展孩子一生中另一种重要的人力资源。最初孩子还没有熟练掌握与同伴交往的技巧，家长要一点一滴地教孩子，例如跟人礼貌地打招呼，学会轮流、等待和与人分享，有需求要用语言向他人陈述和求助而不是动手打和抢等。如果孩子迈开走向广阔社会舞台的步伐，就不会在家庭这个狭隘的圈子里黏家长，因为他能够发现外面的世界更精彩！

05 孤僻

• 精选案例

之乙4岁多，不会正确使用“我”“你”“他”。比如，他正在画画，问他：“你在画什么？”他会回答：“你在画太阳。”张老师问他：“张老师是谁？”他会回答："是我。"而这种对话是为了刺激和训练之乙说代词而设置的，只有这时他才使用代词，因此哪怕错了也是有意义的。平时他压根儿就不使用代词，例如吃完饭了，他想喝汤，就用眼睛盯着老师，希望老师看见他后给他加汤，或者使劲举手吸引老师关注自己，却不会说："我想喝汤。"他不主动与小朋友交往，小朋友也不与他玩；他从不发脾气，闹情绪；即便有时朝小朋友笑一笑，也只是一种无意识的笑，没有目标，也没有互动。

之乙的孤僻深深地困扰着老师，老师渴望与家长共同关注此事。之乙的爸爸妈妈都是大学老师，他们很少跟孩子玩，孩子也不让家长陪他玩，而是自己看书、看电视、玩玩具，一坐就是很长时间，带起来很省心。家长自豪地说他现在能认很多字、识很多车标，相信他以后学习还是有能力的。老师说，孩子不仅需要学习知识，还需要学习如何生活、如何与人交往。家长就不说话了。后来家长承认自己在逃避现实，也发现孩子与别人有差距，但觉得自己是大学老师，不相信孩子会有问题，认为孩子长大就好了。

孤僻是特别需要关注的情绪

孤僻早就引起了专家和教师的广泛关注，但一直没有引起家长的足够重视。因为孤僻的孩子比较安静、自娱自乐、不惹事、比较让人省心，而且有的孩子像之乙那样识字多、会算术、记忆力好，显得学习能力很强，容易让家长觉得孩子除了不爱说话以外，没有太大的问题，并且认为不爱说话的问题长大以后自然就好了。有的家长认为父母都是高学历，孩子出生时指标正常，不缺营养，怎么可能有问题？！甚至有的家长查找资料发现，爱因斯坦、牛顿、尼采等人小时候都孤僻，后来都成为著名的人物，便把孤僻看成特殊人才的特质。

家长对孩子孤僻的忽视、误会和幻想，都会延迟对这一问题早期发现与早期教育的良好时机。孤僻是孩子不管在陌生还是熟悉的环境都表现出来的一贯不合群、社交退缩、形单影只的消极情绪状态，不仅反映孩子缺乏社交技巧，而且反映孩子可能存在更深层次的内隐问题，例如社会知觉差、社交动机弱、自我意识水平低、不被同伴接纳、不受同伴欢迎、退缩回避倾向等。这些内隐问题具有稳定性，会伴随孩子存在很长时间。如果所处的教育环境不利，这些问题可能会成为影响孩子一生发展的大问题。

区别对待两种不同的孤僻

不同的孤僻产生的原因不同，需要不同的教育策略。心理学把孤僻分为两大类：一类属于活跃退缩型的孤僻，是由于孩子语言表达能力弱，社会交往技巧少，攻击性强而不受欢迎，有明显的行为问题而没有成功进入群体导致的冷落孤单；另一类属于安静退缩型的孤僻，是由于孩子沉浸于自娱自乐或者害羞胆怯、过于敏感导致的离群索居。

小朋友之间的交往规律是谁越善于游戏，谁就越受欢迎，谁的玩伴就越多。活跃退缩型孤僻的孩子有主动参与集体的愿望，但是由于自己能力低或者不善于交往而被同伴拒绝，会产生失落感和挫败感。这种情况下，往往是家长和老师成为这类孩子的玩伴，暂时满足了孩子的交往需求。但是亲子关系和师生关系不能代替同伴关系，成人要清醒地认识到：不会跟小朋友交往的孩子需要加强锻炼，从而获得被同伴接纳的交往习惯和能力。

安静退缩型孤僻的孩子没有主动交往的愿望，自愿放弃或者回避同伴交往，较少出现失落感和挫败感，能接受家长参与自己的游戏，但也不一定要家长陪伴，总是像局外人一样安静地做自己的事情，因而他们的消极情绪不容易受到家长的重视。尤其是3岁之前，很难鉴别出这样的孩子是否存在内隐问题，所以他们的交往动机没有得到及时的激发，语言交流也没有得到丰富的刺激，存在有碍健康发展的隐患。

TIPS

谨防孤僻状况

很多家长都知道孤独症，也叫“自闭症”。孤独症的孩子一定孤僻，孤僻的孩子却未必患有孤独症。家长不能因为孩子还没达到孤独症的程度，就忽视孤僻的消极影响。孤僻状况一直未得到重视和改善的孩子，在未来的人际交往、学习成绩、心理素质、理想就业和家庭幸福等方面更有可能遇到麻烦和困难。

调节孤僻情绪的策略

◦ 早观察、早发现、早教育

孩子3岁之前不易被发现和确诊是否孤僻、孤独或者自闭，这与家长对消极情绪的表现形式存在误解有关。消极情绪未必都表现为发火，很少或者从来不发火的不良情绪具有更加消极的心理意义。因为它较少吸引人的关注而容易被忽视，所以这种情绪很容易错过早期发现与教育，结果孩子的发展受到很大损害。因此，家长对过于安静、不哭不闹、特别省心的孩子要保持敏感和警觉，如果孩子缺乏正常同龄伙伴常见的情绪反应、冲突与矛盾，这样的孩子可能在某些心智功能上较弱甚至缺失，家长应该抱有早发现、早干预的科学态度，而不要误解、忽视、逃避现实或者抱有不切实际的幻想，以免延误孩子的最佳教育时机。

◦ 不要把心智发展仅看成认知能力提高

之乙的家长不认为孩子有问题，是因为他们把孩子的心智发展仅看成认知能力的提高，觉得只要孩子能识字就没问题，不认为他不跟小朋友玩是问题。可过度学习又进一步减少了孩子与同伴的交往，孩子的孤僻进一步得到加强。

◦ 家长多陪孩子玩

会学习的孩子中可能有孤僻的，会玩的孩子中却很少有孤僻的。现在的问题是，家长通常认为陪孩子学习比陪孩子玩重要，所以更乐意看见孩子拿着书本读书、听着音频背古诗、打开电视学知识、在玩具堆里自己摆弄。尤其是现在孩子本来就存在孤单、伙伴少的事实，再加上父母工作忙，没时间陪孩子玩；爷爷奶奶身体不好，没法陪孩子玩；保姆人生地不熟，不愿意陪孩子出去玩；于是孩子只能待在封闭的家庭环境里，沉浸在孤独的快乐里。这是现代独生子女养育环境存在的最大弊病之一。

多陪孩子玩是孩子的发展需要，也是家庭关系和睦的表现，这对孩子来说意义重大：家庭关系和睦，家长会更乐意与孩子玩，孩子会更开朗、合群；家庭关系不和、冷漠、紧张会助长孩子的孤僻，其中夫妻关系恶化与破裂对孩子的伤害最大。

◦ 鼓励孩子多与同龄人玩

家长要多与孩子玩，尤其是多跟2岁以前的孩子玩，良好的亲子关系是孩子发展的主要推动力；2岁以后，家长要多创造机会让孩子接触同龄伙伴交往。这里需要强调的是，同龄伙伴更重要，而不是比孩子大许多的成人或者大孩子，也不是比孩子小许多的小孩子。

研究发现，孤僻的孩子并非绝对不与人交往，有的孩子与“大伙伴”或者“小伙伴”交往没有困难，与“同龄人”交往有困难。从交往技巧来说，后者比前者难度大，前者的交往关系相对比较单一，主要是照顾和被照顾的关系，孤僻的孩子更适应照顾幼稚的“小伙伴”或让“大伙伴”照顾自己；后者的交往关系是平等的，互动内容更加丰富，需要孩子动心思、多磨合。况且同龄人应该是伴随孩子健康成长的主流群体，所以家长不要以为只要有人陪孩子玩就行了，孩子不能总跟父母、爷爷奶奶和保姆在一起，更要多与同龄人玩。

◦ 培养交往技巧

孤僻的孩子不受欢迎的一个重要原因是交往技巧不多样、不实用、不灵活。有的孩子想介入别人正在进行的游戏，就莽撞地直接插进去，或者不合作、较霸道、不知道谦让。因此，引导孩子提高请求、商量、轮流、等待、分享、助人、合作、谦让等情商因素是非常有必要的。同时，想象力丰富、善于出主意、计划性强、语言水平高等智商因素也是孩子的交往魅力所在。所以，改变孤僻最终还是需要从培养心智水平全面发展的孩子做起。

◦ 运动对矫治孤僻有益

一个人不知道外面的世界很精彩，就不会觉得自己的内心世界很孤单，也就难以产生改变自我的内在动机。孤僻的孩子情绪情感体验比较单一、沉闷，如果他的情绪情感体验能够丰富起来，对他迈出孤独世界是大有益处的。运动有助于丰富孩子的体验，因为运动蕴藏着对人的各种刺激，如控制器械、挑战难度、冒险尝试、迎接不确定性、面对激烈竞争、把握机会、克服困难、驾驭自己等，因而会产生紧张、担心、害怕、恐惧、兴奋、快乐、愉快、自信、勇敢、成就感、控制欲等丰富的情绪情感体验。这一切都会在一个完整的运动项目中充分、流畅地注入孩子的心灵世界，多运动、多活动会在根本上改造孩子的精神面貌。

06 愤怒

精选案例

阿其喜欢跟小朋友玩，但也喜欢跟小朋友争斗。这天，为争抢玩具，他又咬了小朋友一口。妈妈很生气地对他说："已经跟你说过多次，不可以咬人。现在你又犯错误了，不能跟小朋友玩了！回到你的房间安静一会儿！"阿其大叫一声："不！"妈妈不为所动，把他抱到房间里，让他在垫子上坐3分钟才可以再出来。3分钟之后，妈妈去看阿其，发现他正在使劲地用手揪布兔子的耳朵，那上面还有牙咬的印子。看到阿其用这种方式发泄自己的愤怒，妈妈很吃惊。上幼儿园以后，阿其在老师给小朋友上课的时候经常到处乱跑，老师去拉他，他使劲甩开老师，甚至对老师拳打脚踢。妈妈不知道该怎样教育爱发怒的阿其。

孩子愤怒的原因

孩子一出生就有四种基本情绪：快乐、恐惧、愤怒和悲哀。愤怒是需求和愿望不能实现或者目的不能达到时引起的一种激动、紧张和不愉快的情绪体验。在这四种基本情绪中，愤怒出现得较早和较频繁。当孩子的生理需要没有得到满足、身体活动受到限制时，或其他愿望不被理解以致无法实现时，他都会产生愤怒的情绪。随着宝宝渐渐长大，他的需求也越来越多，引起愤怒的事件更多地体现在高级心理需求得不到满足的事情上。

◦ 身心不舒服

愤怒是人的本能情绪，因本能需要得不到满足而造成，例如饥饿、口渴、尿湿不舒服或者孩子最初的哭声和呼叫均不能得到家长的应答，他就会用愤怒的方式“通知”大人。有句俗话说：“人困则多怒。”宝宝疲劳时也会发怒。有时宝宝想让大人抱抱，大人不理睬，也会激惹他生气发怒。

◦ 没履行诺言

不履行诺言是激怒孩子的一种重要事件。例如，一位爸爸带孩子坐公交车，上车前答应让孩子刷卡，但上车后爸爸害怕孩子刷卡太慢，耽误别人上车，没让他刷。孩子一下就生气了，一定要重刷一次。没得到满足后，非常愤怒，说爸爸是骗子，非要重新刷卡不可。

◦ 权利被剥夺

本例中的阿其就是因为与小朋友做游戏的权利被剥夺而产生了愤怒的情绪。3岁前的宝宝通常误以为自己想做的事情是不能有限制的，即使做事情的方式是错误的，他也不认为是自己的错，所以阿其会认为咬小朋友是小朋友有错，是小朋友与自己抢玩具的自然结果，现在妈妈要隔离自己，他理解不了，也接受不了。

◦ 自尊心受挫

孩子接受批评的心理承受能力比较弱，在众人面前训斥宝宝容易让他感觉自尊心受挫。在同伴中丢面子、在竞争中失败都可能激惹出孩子的愤怒情绪。

◦ 误认为别人有意侵犯

同样一个行为，有时让人愤怒，有时不会引起愤怒，这取决于当事人认为对方是有意的还是无意的。例如，一个人踩到另一个人的脚，如果被踩的人认为对方是无意踩的，就不会愤怒；如果被踩的人认为对方是有意侵犯，就会愤怒。孩子之间经常如此，一个小朋友撞到另一个小朋友，第二个小朋友如果认为对方是有意撞自己，就会愤怒地还击。研究发现，带有攻击倾向的孩子更容易误解别人是有意侵犯自己；而性情温和的孩子不管对方是有意的还是无意的，都更容易原谅和宽容对方。

愤怒情绪的影响

愤怒情绪是人天生就有的，但不同的人愤怒时的情绪激动程度是不一样的，管理愤怒情绪所采取的方式和所需要的时间也不一样。有的孩子很容易被激怒，一触即发；有的孩子暂时把愤怒压在心底，却在别处发泄；有的孩子接受大人的安抚后能很快安静下来；有的孩子过了很长时间还在生气，也不接受大人的帮助。总之，调节愤怒情绪的水平能集中地反映孩子的心理素质，影响孩子的人际关系。不仅如此，愤怒情绪还影响身体健康，它与肝脏的生理活动有关，使胆汁分泌增多，愤怒时的呼吸速度是正常速度的2～3倍，心跳也随之加快。遇到不顺心的事情就愤怒并且不善于调节情绪，对孩子的身体发育十分有害。

愤怒是一把燃烧的火焰，使人处在非理性的亢奋状态中。怒不可遏、怒发冲冠、怒火中烧都是用来形容愤怒情绪的，可见因愤怒而产生的行为通常是具有破坏性和报复性的。愤怒分为明怒和暗怒，明怒表现在面部表情、言语方式或者行为举止上，具有即时爆发性；暗怒隐藏在内心世界里，具有延时爆发性，但是破坏性更强。因为愤怒情绪常常是不被人接受的，所以孩子长大以后还将学会掩饰自己的愤怒，而过分积郁的愤怒同样给孩子的身心带来伤害，所以家长引导孩子从小学会调节自己的愤怒情绪非常重要。

管理愤怒情绪的要领

◦ 尊重孩子愤怒的权利

首先需要认可孩子有权利愤怒。愤怒是孩子自我肯定的表示，说明他有勇气表达自己的想法和需要，而一个不敢怒或者敢怒不敢言的人，很有可能形成抑郁情绪，或者积累抑郁情绪超过极限而突然爆发。所以，家长要把孩子愤怒的权利与愤怒的行为方式区分开来。由于孩子的行为能力有限，他们通常用不恰当的愤怒方式行使自己的愤怒权利，以致家长拒绝孩子愤怒行为方式的同时也否定了孩子的愤怒权利，而家长应该做的事情正是尊重孩子愤怒的权利，引导孩子学习用正确的方式表达愤怒。尊重孩子愤怒权利的一个方法是用眼神和言语帮助孩子确认自己的情绪状态。家长蹲下来，用平静的眼神看着孩子，也鼓励孩子看着自己，并平静地问他：“你是不是生气了？”“看得出来你愤怒了。”孩子能感受到家长是在理解、认可和接纳自己的愤怒情绪，这有助于他减缓愤怒的情绪。

◦说出自己的愤怒，不发无名火

了解愤怒的原因，然后有针对性地解决问题，有助于消解愤怒情绪。如果发的是无名火，就为调节愤怒情绪增加了难度。因此，当家长发现孩子愤怒了，应该鼓励孩子大声说出自己的愤怒，而不是用动作来表达愤怒。2岁以内的宝宝语言发展水平有限，可以由家长代说孩子的愤怒：“你生气了，因为他摸了你的布娃娃，对不对？”孩子有时需要成人的提示才能厘清自己生气的理由，例如说：“你是不是因为自己的小汽车没有乐乐的小汽车跑得快，就想发火？”说出愤怒的原因之后，家长接着共情孩子的愤怒，对孩子的情绪表示理解，例如说：“我知道你等得有些不耐烦了，可是没有办法，谁都得这样等。”

◦关注愤怒事件，不理睬愤怒方式

小孩子表达愤怒的行为方式很简单，一般都是哭闹乱叫、拳打脚踢、在床上（地上）打滚、攻击他人，个别小宝宝可能采取不理睬别人的“冷战”方式。3岁以上的宝宝可能采取“技术水平”比较高的行为方式，例如隐忍或者报复。不管怎样，当家长判断孩子产生愤怒情绪以后，不要被他愤怒的行为方式所迷惑，而是直接关注引起愤怒的事件，从解决问题的角度提高宝宝做事和做人的能力。例如阿其咬人和虐待布偶都是愤怒的表达方式，而引起愤怒的事件是没有学会与小朋友分享玩具，妈妈的关注点应该是后者。在妈妈的引导下，孩子就不会再继续耍脾气，跟着妈妈回忆和梳理刚才发生的事。

◦ 孩子愤怒的时候，家长不要愤怒

不但孩子有愤怒的权利，而且家长也有愤怒的权利，但是为了孩子的健康成长，家长不可要求与孩子平等的愤怒权利，否则只会两败俱伤。所以不管孩子多么不听话、多么让家长没面子，不管家长多么疲劳、多么心烦意乱，都要学会控制自己的情绪，不要对正在发怒的孩子高嗓门、敲桌子、踢板凳、摔门，这样只会给孩子提供模仿愤怒的坏榜样。心理学提供的办法是在自己想发火的时候强迫自己数数或深呼吸。将要发怒的时候，赶紧先闭上嘴巴，在心里从1数到10，或是深呼吸10次，抑或离开现场一会儿。

◦ 提高预测孩子产生愤怒情绪的水平

人的情绪爆发常常因为事情出乎意料导致，所以家长要注意观察和总结哪些事件出乎意料之后可能导致孩子愤怒，从而掌握孩子的情绪变化规律，然后预备相应的措施以预防孩子因情境变化而不能如愿时产生激动的情绪，这也是发现和调节孩子性情和个性的过程。如果家长没有摸清孩子的情绪变化规律，遇事总是采取转移注意力这个权宜之计，就无法从根本上解决问题；如果家长一时着急，随便迁就孩子，那对孩子的不良影响就更大了。

07 撒野

• 精选案例

格格是个2岁的聪明宝宝，她已经学会自己走路、自己使用小勺吃饭，还学会了自己用杯子喝水、喝奶。可是最近一两个月，妈妈发现格格好像变小了：逛公园的时候她不像以前那样自己到处走走跑跑，总是缠着妈妈要抱抱、缠着爸爸要背背；自己不用小勺吃饭了，缠着爷爷奶奶喂；喝水、喝奶又用起了奶瓶。如果妈妈不同意格格的要求，格格就会从撒娇变成撒野，哭着找爸爸、爷爷、奶奶求情。要是没人替她求情，格格就抓妈妈的头发和脸。上幼儿园时也出现类似的情况，她遇到不高兴的事情，不愿意接受老师的教育，反而躺在地上哭闹。针对格格的这种情况，妈妈不知道怎么办才好。

撒野与撒娇，“一字之差，谬以千里”

撒娇和撒野有许多共同之处，都是孩子假装无能或超能，能做的事情却不自己做，或者不能做的事情却偏要做，以唤起大人的关照与怜爱。撒娇和撒野不容易分辨，但是为了孩子的健康成长，分辨撒娇和撒野是很有必要的，因为它们会对宝宝性格的形成产生不同的影响。

撒娇是孩子的心理营养，是孩子主动与家长创建的一种心理游戏。孩子开始撒娇能够反映出他的情绪情感表达能力达到了一个新的阶段，具有“能进能出”的游戏控制水平。在理智上他知道自己“假装”到什么程度，家长能够并乐意接受；在情感上他尝试用间接和含蓄的方式表达自己的心理需求，当遭到大人拒绝的时候他知道应该“认真”了，不能再“游戏”了，能够与大人保持较好的配合与默契，所以会撒娇的孩子是娇怜、乖巧、可爱的。实际上，孩子需要向大人撒娇，大人也需要孩子撒娇，撒娇是滋润孩子心理健康成长的营养品。

撒野与撒娇，“一字之差，谬以千里”。撒野是不良性格的温床，在词典中的含义是：“对人粗野、放肆；任意妄为，不讲情理。”撒野的孩子做不到分清什么情况应该“认真”，什么情况可以“游戏”，不像撒娇的孩子那样让人舒服，而是让人难堪；也不像撒娇的孩子那样理智，能够分清自己和别人的需要，对分寸把握得好，而是十分情绪化，只考虑自己的感受，不考虑别人的需要。

撒娇与撒野都是孩子的常见情绪，大人容易混淆，因而难以区别对待，这样孩子的撒娇很容易变成撒野。因为家长觉得孩子还小，不懂事，不必跟孩子太计较，凡事都依着他。而且家长从主观意识上很容易忽略撒娇和撒野的区别，所以就随便孩子怎样表现了，经常主动接纳孩子的撒娇却忽略、拒绝孩子的撒野，这对他的自我调节能力以及人际交往能力都将产生不良的影响，可能会令孩子变得任性而难以管教。

区别对待撒娇与撒野的策略

○接受孩子适当的撒娇行为

撒娇是孩子的情感需要，孩子常常在以下情境中撒娇：当生病、不舒服的时候，当情绪低落、心情不舒畅的时候，当感觉委屈的时候，当遇到困难的时候，当每天午后和晚上要睡觉的时候，当来到一个陌生环境的时候，当有一段时间没见妈妈或爸爸的时候，当思维活跃、比较开心想跟大人开玩笑的时候……撒娇的宝宝是在跟大人进行一种情感交流，或求助，或依恋，或分享。他的态度比较温和，行为也比较适宜。这一行为是正常的、可以接受的，并且有利于宝宝的情感发育和亲子感情发展。

○给孩子传授适当的撒娇技巧

撒娇是孩子自发产生的交流方式，但是因为每个孩子的个性不同、家庭环境不同，他们撒娇的方式也有所不同，有的孩子对撒娇技巧把握得好，惹人喜爱；有的孩子则需要学习适当的撒娇技巧。例如，家里来客人了，孩子非常高兴，总想跟客人亲近，这时有的孩子用微笑、拉手表示欢迎，或者与客人一起做游戏、讲故事、分享食物；可是有的孩子见客人来了，用非常猛烈的动作扑向客人，使劲拽、拉客人的衣服，或者用高分贝的呼叫声表示欢迎，像这样的孩子就需要家长向他传授撒娇的技巧。家长先问孩子："你是不是想跟客人一起玩呀？""你使劲拉客人，他会疼的，玩得就不开心了。""你有什么好玩的东西拿给客人看看？""你跟客人一起看一本书，好吗？"家长用具体的行为指导孩子向客人表达友好，他渐渐就掌握了撒娇的技巧。

◦不让孩子拿撒娇与行为习惯作交换

妈妈出差一个星期后回家了，宝宝一天到晚都想跟妈妈亲近，到了吃饭的时候，已经会吃饭的宝宝要求妈妈喂，妈妈抑制不住宝宝的恳求就顺着宝宝的意愿喂饭，结果一喂就是好几天，再让宝宝自己吃饭，他就不乐意了。其实，妈妈可以换一种方式满足宝宝撒娇的心理需求。妈妈对宝宝说："我知道宝宝已经会自己吃饭了，妈妈看看宝宝现在是不是吃得更好、更香！"或者说："宝宝是不是想跟妈妈坐得最近呀？那好，妈妈跟宝宝坐得更近一点，妈妈就能看清楚宝宝吃饭是不是又有进步了。"为了表现自己，宝宝会顺着妈妈的指示改变撒娇方式。可见，妈妈要注意不让宝宝拿撒娇与行为习惯作交换，这样会影响行为习惯的稳固性，尝试其他更好的方式同样能满足宝宝撒娇的愿望，这样对宝宝来说就不会顾此失彼了。

◦家长对孩子撒娇也是一种教育方法

有时候，如果孩子向家长撒娇，家长反过来向孩子撒娇，会起到意想不到的教育效果。

• 精选案例

盼盼3岁，跟妈妈逛公园的时候不想走路，总想让妈妈抱。这时妈妈说："妈妈好累哦，盼盼是大孩子了，能帮助妈妈吗？"盼盼看着妈妈，妈妈接着说："你拉着妈妈吧，盼盼是个大力水手！”盼盼就扮演大力水手在前面拉着妈妈走。妈妈装成“小妹妹”不住地夸奖“小哥哥”，让盼盼很有成就感。

每个宝宝既有当小孩子享受别人照顾的心理需求（向别人撒娇），也有当大孩子照顾别人的心理需求（接受别人的撒娇），妈妈恰当地对宝宝撒娇，能调动宝宝照顾别人的积极动机。

◦ 教孩子把撒野还原成撒娇

撒娇的孩子讲理，撒野的孩子不讲理，小孩子常常把握不好分寸，这是因为他们的经验不足，行为策略也比较单一。如果家长能及时和准确地识别孩子用撒野所表达的心理需求，然后引导孩子用合适的方式表达出来，孩子就不会过分撒娇以至撒野了。

• 精选案例

午饭后妈妈与宝宝一起玩，一会儿妈妈想午睡了，可是宝宝不想让妈妈睡觉，他一会儿在妈妈身边爬来爬去，一会儿问妈妈要水喝，目的就是不让妈妈闭眼睛。妈妈让他跟阿姨玩，他就欺负阿姨。阿姨批评他，他大哭起来，宝宝从撒娇变成撒野。妈妈睡不成了，就跟宝宝交流：“你想跟妈妈玩，是吗？你得先向阿姨说对不起。”宝宝不但说了对不起，还拿一个玩具送给阿姨玩，然后说：

“宝宝跟妈妈一起睡。”于是宝宝躺在妈妈身边，自己玩一会儿就睡着了。撒野的宝宝又变得娇滴滴了，关键是妈妈引导宝宝明白了是非对错。

◦对孩子的撒野行为不理不睬

有时孩子的撒野行为比较夸张，家长就要采取不理不睬的态度，让孩子明白这样做得不到任何好处。

• 精选案例

月月上幼儿园几个月以后，有一天在家里向爸爸提不合理要求，爸爸不同意，他就跪在地上大哭起来，两只手还不断地拍打地面，爸爸妈妈很诧异宝宝怎么会有这样的行为？原来是他在幼儿园看过其他宝宝这样，于是就模仿起来。爸爸妈妈坚决不理睬，后来月月就不再这样撒野了。

08 无聊

• 精选案例

童童是个不爱睡午觉的小孩子，阿姨请了三天假，中午就没人陪她玩了。孩子跟妈妈说话，妈妈躺在床上没精打采地回答她；孩子又去看看猫咪，猫咪也在沙发上懒洋洋地睡着了。童童左转转右转转，真是无趣啊！干脆吃根冰棍吧，但是自己一个人吃多没意思呀，让猫咪一起吃吧！于是她把冰棍放在猫咪的脸上，猫咪打了个激灵，突然跳起来，从沙发蹿到茶几上，把茶几上的杯子碰倒摔破了，水也洒在了地上。响声惊醒了妈妈，她生气地说："你没事招惹猫咪干什么，跟我上床睡觉去！"童童既不愿意睡觉，又被妈妈吓住了，大哭起来。无聊的童童不停地哭闹，搅得妈妈也没法午睡了。

无聊是不良习惯的温床

无论大人还是孩子，都会出现无聊的情绪。绝大多数人都体验过，无聊的时候很孤独、很寂寞，无所事事，烦躁不安，特别渴望别人帮助自己找点有趣的事情做。孩子的无聊虽然也是如此，但是常常被大人忽视，有些家长甚至认为小孩子整天就知道玩，就不该无聊。

“聊”是凭借、依靠的意思，“无聊”就是无所凭借、无所寄托的意思。当孩子对事物失去好奇心和新鲜感的时候，当孩子一个人不知道玩什么的时候，当孩子失望、失败而不知所措的时候，当孩子被迫做自己不愿意做的事情的时候……孩子的心灵出现了暂时的空白，处于无所寄托的状态，这时的孩子正在遭受无聊情绪的袭击，他迫切需要帮助。

如果孩子的无聊情绪得不到及时关注，他就该想办法自救了。例如，有的孩子自学了心理调节策略，学会了自己玩，而且玩得开心，也不打扰别人；有的孩子就没有那么理智，他开始吵闹或者恶作剧，而这样的确吸引了大人的注意力，自己不再寂寞了，第一次成功之后他又尝试了第二次，以后屡试不爽，于是情绪问题转化为习惯问题，孩子就养成了一些不良的行为习惯。

再例如，有的孩子总爱吃东西，但并非饥饿引起的饮食，也不是生长发育的需要，是无聊引起的。就像有的大人没事就不自觉地嗑瓜子一样，既没有营养，也不能果腹，却能一直嗑很久，结果只给身体带来多余的热量。无聊性饮食对孩子的影响更大，一旦没有什么事情可做，他就不停地吃，不饿也吃，随便乱吃，最后吃习惯了，吃成了“小胖胖”。

无聊的时候容易做无聊的事情，无聊的状态是形成不良习惯的温床。

孩子无聊时的表现

大人的自我意识水平高，他能意识到自己无聊了，可以克制自己并想办法改变无聊的状态；但是小孩子即使自己感觉很无聊，他也不知道这是无聊，而调节无聊的经验更是匮乏。对此，一方面大人觉得孩子就不该无聊，另一方面小孩子也不会主动说“我无聊”，所以孩子的无聊常常得不到爸爸妈妈的及时关注。不会倾诉无聊心情的孩子会用多种行为方式表现自己的无聊，典型的行为有以下几种，家长可以以此进行识别和推测。

◦ 眼神发呆

充满活力的眼神传达了兴趣盎然的心态，发呆疲乏的眼神传达了无所事事的心态。当妈妈发现孩子并不是在观察、思考、专注于有趣的游戏，而是疲乏地坐在那里或眼神怔怔地站在那里时，孩子可能是感觉无聊了，需要妈妈的关注。

◦ 吮吸啃咬

孩子在新生儿期吮吸啃咬自己的手指和脚丫，与他吮吸啃咬奶瓶和玩具一样，是把自己当成可以探索的外在物品，这时家长不必过分干预。但是当孩子的自我意识渐渐成熟，不必总借助吮吸啃咬作为探索手段的时候，他还出现吮吸啃咬，便是无聊情绪的伴随行为。家长要对此给予关注，并帮助他纠正不卫生的行为习惯。

◦ 喧闹攻击

无聊的时候找不到一件有趣的事情做，有些孩子就会用不安、喧闹和攻击制造新鲜刺激，以吸引家长的注意力。当然，他还分不清楚自己的哪些行为是文明的，哪些是不文明的，家长要谨防孩子出现不良的行为习惯。

◦ 安静不动

与喧闹攻击的孩子相反，有的孩子无聊的时候特别安静，不动手、不动脚，当然也不动脑，这样的孩子最容易被妈妈忽视。家长误以为孩子很乖、很省心，实际上这是孩子一种无助无奈的被动状态，需要妈妈的积极引导。

◦ 抠摸身体或衣物

孩子并不是主动地关注身体，感兴趣地观察衣物，而是下意识地抠、摸、拽、拉、拧、扯身体或衣物，这种无意识的动作也代表孩子觉得很无聊。

帮助孩子排遣无聊的策略

◦ 做一些不寻常的动作或组合

无聊常常是因为游戏玩不下去了，当家长问孩子想玩什么的时候，孩子可能说“不知道”，不知道玩什么就是无聊的前奏。这时家长不要偷懒，要赶紧动脑筋想一想既简单又好玩的游戏。例如，一些不寻常的动作就能唤起孩子的兴趣：把袜子挂在耳朵上，把帽子放在脚丫上，用手指转纸杯，或者爸爸穿上妈妈的衣服，都会逗得孩子咯咯笑。这些不寻常的动作或组合都给孩子做了良好的示范：原来让自己开心并不复杂，只要做些变化和创新就可以了。

◦ 及时为孩子变换游戏环境

孩子的专注力和耐心不如成人长久，在一个地方玩得时间长了容易腻烦，特别是成人之间长时间聊天，孩子自己玩着玩着就觉得无聊甚至着急了，可能就会摔玩具、搞破坏，孩子之间还可能发生争执和打闹。家长发现之后要及时为孩子变换环境，从一个房间转换到另一个房间，或者从室内转向室外，孩子就会随着环境的变化而转换心情，投入到新奇的事物和环境之中。

◦ 等待孩子玩够了再提供新玩具

仅仅向孩子提供许多玩具是不够的，他可能摸摸这个、弄弄那个，很快就没有新鲜感了。因此，妈妈要定期整理孩子的游戏空间和玩具，不妨把一些玩具收起来，让孩子深入地把玩眼前的玩具，培养他的专注力和探索能力。等孩子玩腻了，再提供收起来的旧玩具或再添购新玩具。

◦ 不厌其烦地玩孩子喜欢的游戏

成人无聊与孩子无聊不完全一样，一些在成人看来无聊的游戏，孩子却乐此不疲。例如，《拔萝卜》等故事和“藏猫猫”“不倒翁”的游戏，简单而且被重复了一遍又一遍，孩子都玩不够。家长要尊重和珍惜孩子的童心，陪着孩子将游戏进行到底，不要因为自己觉得无聊而影响孩子的兴致。

◦ 不要因成人无聊引发孩子无聊

由于当代社会环境、生活环境、工作压力和工作节奏都发生很大的变化，成人的心理平衡状态经常受到挑战，更容易产生无聊的情绪。一些父母还可能面临家庭与事业的矛盾，这些心理都会影响他们抚养孩子的积极态度。人无聊的时候没有活力、没有思想、没有情趣，感觉疲劳、乏味、无趣、无奈。无聊的家长容易带出无聊的孩子，所以家长要主动调节自己的心理状态，提高自己的精神生活质量，不要因成人无聊引发孩子无聊。

09 焦虑

• 精选案例

筱筱8月上了幼儿园小班。班里大部分孩子是由托班升上来的，已经适应了幼儿园的集体生活，因此开学初期并没有出现“集体哭园”的现象，这对安定筱筱的情绪来说是难得的好环境。可是筱筱偏偏有很强烈的分离焦虑情绪，以至于幼儿园要专派一个老师带她。

筱筱的爸爸是大学教师，妈妈是芭蕾舞演员。妈妈能双手抱着筱筱在班级的地面上做出绝对到位、绝对漂亮的劈叉动作，老师和孩子们都很喜欢筱筱和筱筱的妈妈。也可能是这位芭蕾舞演员妈妈太富有美感和温情了，筱筱自小对妈妈形成强烈的依恋，学究型的爸爸仿佛成了“局外人”。绝大多数情况下都是妈妈送筱筱入园，筱筱就紧钩着妈妈的脖子不肯放。妈妈一走，她就会满院子跑着找妈妈，而且从入园到离园的整整一天里，嘴里一直不停地念叨着：“找妈妈——找妈妈——”如果老师把她放在教室里，她就会立起脚尖，双手扒着窗户，用舌头舔门框或者窗框，试图冲破“牢笼”，投进妈妈的怀抱。也许是受妈妈的熏陶，只要幼儿园有欢乐的音乐和歌曲，她就能陶醉一会儿，安静片刻，可音乐一停止，她便又回到了焦虑的现实世界。

老师做了很多工作想帮助筱筱，但是妈妈的一句话或一个神情，都可能让老师的努力付诸东流。妈妈一看见筱筱要哭，就当着她的面说：“不行，这样可不行。”现在两个月过去了，老师、孩子、家长都很努力，但筱筱仍然不能度过分离焦虑期。9月底她生病了，只好“辍学”在家。

适度焦虑有益

焦虑是预期即将面临不良处境的一种不安与担忧，是由紧张、焦急、忧虑、担心和恐惧等情绪交织而成的一种复合情绪。随着孩子生活经验的积累和精神世界的丰富，他们逐渐告别懵懵懂懂，走向因明白事理而带来的预期担忧。当然，孩子的焦虑还比较单一，主要表现为分离焦虑，并在两三岁上幼儿园的时候突出地表现出来。

分离焦虑是儿童离开与自己朝夕相处的父母、家庭和熟悉环境时，产生的强烈不安情绪。入园分离焦虑会让家长感到怜惜与不舍，但**适度的分离焦虑具有积极意义，它是儿童心理发展的里程碑，是孩子心理成熟的表现。**

首先，适度的分离焦虑具有自我保护功能。婴幼儿对陌生人和环境一旦感到不安全，就会用哭闹向家长发信号："我感到不对劲了，快来保护我！"所以，这时看护者千万不要太"酷"，认为要锻炼孩子的意志和胆量而故意对他不理不睬，这样会使孩子失去对亲人及世界的信任感，让初来人世的他背上沉重的心理负担。

其次，适度的分离焦虑是孩子智力发展的标志。产生分离焦虑说明孩子已经能把熟人和生人区分开，能把熟悉的地方和陌生的地方区分开，这是他们的智慧和社会性继续向前发展的必要条件。如果孩子到了3岁还没有出现分离焦虑，说明他可能存在感觉统合失调或者自闭倾向。

可见，家长要认识到分离焦虑的积极意义，对它有一种良好的心态（筱筱妈妈即缺乏这种心态）。孩子入园自然要经受分离焦虑，妈妈随之产生教育焦虑，可是就在这母子双焦虑的"阵痛"中，孩子必然要进步，母亲也将会更加成熟。

过度焦虑无益

首先，过度焦虑影响心理健康。美国著名心理学家埃里克森认为，3岁左右的婴幼儿面临的基本发展任务是消除不信任感并产生信任感。如果孩子没有安全地度过分离焦虑期，说明他对周围的新人和新环境是不信任的，缺乏安全感，这使他无法与别人建立起密切的情感联系，不利于他社会性和个性的正常发展。

其次，过度焦虑影响身体健康。每年9～10月都会发生这种现象：托班幼儿已经基本适应幼儿园集体生活，情绪稳定，能跟着教师投入到正常的生活与游戏活动中，但是孩子的出勤率明显下降。这些孩子缺勤是由感冒、咳嗽或腹泻等疾病所致。从心理学的角度来说，这是分离焦虑的后期延续。一个月的新环境适应使孩子“身心交瘁”，自然造成抵抗力下降，出现入园一个月后感冒等症状。

消解焦虑情绪的策略

◦家长的心理准备与耐心是首要策略

每个孩子都会或长或短地经历分离焦虑，先天气质类型会决定孩子分离焦虑的程度与时间长短。这种气质就是我们平常所说的脾气、秉性或者性情，是从孩子一出生就表现出来的对外界环境的适应特征，可以分为四类：容易型、困难型、迟缓型、混合型。

容易型气质的孩子对新环境不适应的情绪反应不强烈、持续时间不长，愿意接受周围人的关怀，容易接受他人的安慰、帮助和喜爱，负面情绪调节得比较快，易于适应新环境。困难型气质的孩子对新环境比较抗拒，负面情绪较多、反应强烈并且反复出现，还执拗地拒绝别人的帮助。迟缓型气质的孩子适应环境缓慢，情绪通常不甚愉快，常常静静地观察别人，对新环境慢慢感兴趣，慢慢活跃起来，不主动表达自己的需求，成人不易明白这种孩子到底在想些什么。除了以上三类外，有的孩子类型特征不是太明显，属于混合型。

如果孩子属于困难型或迟缓型气质，家长对孩子适应环境的种种表现要有足够的心理准备，并调整好心态，不急切，有耐心，尊重孩子按照自己的节奏和速度适应新环境。

◦ 平时多带领孩子接触新环境和陌生人

焦虑与依恋是孩子早期情绪发展中的一对矛盾，他对自己的家人越依恋，就越容易产生分离焦虑。为了让孩子较少产生对陌生环境的紧张与恐惧，家长要经常带领孩子出去活动。孩子虽然一直跟在大人后面，未必跟陌生人有较深的接触，甚至可能不愿意跟人问声好，也害怕接受别人的友好与问候，但是只要出去一次，孩子就得到一次锻炼。一次又一次的生活经验会让他感觉到外面的世界并不可怕，他也会多次体验从紧张到放松、从害怕到安全的心理过程，自己学会放松、获得安全感对于培养孩子的情绪管理能力非常重要。

现在老人和保姆带孩子的情况比较多，他们更喜欢让孩子在家里做安静的活动。因此，年轻的父母要主动承担起带孩子见世面的责任，尽量使孩子多接触一些家庭以外的人员，以防孩子出现胆小怕生、不合群等现象。

◦ 3 岁以后再入园能减少分离焦虑

孩子产生分离焦虑与不成熟的认知心理有关。例如，害怕家长一去不回，担心自己被抛弃，忧虑依恋对象会受到伤害，认为陌生人和陌生环境对自己不安全，等等。这些焦虑在成人看来是多余的，但孩子需要真实体验过才能自觉地抛弃这些多余的担心。也就是说，即便分别时家长向孩子承诺一定会来接他，孩子仍需要切实等待过才能理解承诺的意义。这是两三岁的孩子必须经历的成长历程。

因此，如果家里有人照看孩子的话，建议家长等孩子3岁以后再送他上幼儿园。从儿童心理发展的一般规律来说，2岁是孩子分离焦虑最敏感的时期，也就是说，如果孩子暂时离开自己熟悉的家长和环境，面对陌生人和陌生环境会产生强烈的不安、焦虑甚至恐惧反应，例如号啕大哭，又踢又闹，在幼儿园不吃不睡不玩等，很不愉快。3岁以后，孩子的心理发展相对成熟，对分离现象的正确判断和适应能力增强，知道家长走了还会再回来，自己并不是被抛弃了，能够暂时容忍与家长分离一段时间，刚上幼儿园所经受的分离之“痛”要轻一些。

◦ 参加亲子班，为克服分离焦虑积累经验

现在社会上有很多亲子班，有半日制、小时制的，家长可每周带孩子一起跟着老师做游戏，体验集体生活。孩子在亲子班最大的收获就是接触他人、感受集体，在家长的陪伴下在集体和陌生环境中学会放松、感受安全。上亲子班并不能保证以后入园就没有分离焦虑，但能够为孩子积累有益的心理经验。

另外，在上幼儿园之前，家长要带孩子做好入园前的准备工作。例

如，经常向孩子介绍幼儿园的情况，说说幼儿园的好处，培养孩子对幼儿园的好感；带孩子到幼儿园玩一玩、转一转，熟悉熟悉周边环境，这些做法都有益于孩子缓解分离焦虑。

◦孩子自理能力强有利于减轻分离焦虑

处在分离焦虑中的孩子不想吃饭，不想玩，只想哭，再加上孩子可能本来就不太会吃饭，不太会玩，那么“不会”加“不想”会加剧孩子的分离焦虑。因此，入园之前就培养孩子的自理能力，他入园适应得就会更加顺利一些。例如：

生活方面：吃饭以自己用勺吃为主，以大人偶尔喂为辅；可以自己大小便，或者知道告诉老师自己要大小便；能自己或者配合大人穿脱衣服；不依赖大人，自己睡小床。

语言方面：会简单地表达自己的想法；如果说不清楚，能在听明白老师的话后有一定的语言、表情或者动作反馈。

交往方面：对陌生的环境不是特别害怕；平时能在外面与小朋友玩一会儿；有朴素的同情心，初步知道不应该用打、砸、抢等方式跟小朋友交往。

◦家长要扛得住分离焦虑

上幼儿园不但对孩子是一个考验，对家长也是一个考验，家长的紧张和焦虑甚至超过孩子，只不过孩子哭在脸上，家长哭在心里。家长的爱心与担心是可以理解的，但是家长还要放心，因为孩子都过得了这一关！**而家长的态度会影响孩子过关的时间长短。**每个孩子都能从言谈举止和神情态度中读懂家长的内心世界，如果他发现家长是紧张和焦虑的，他就对陌生环境更加担心忧虑了。案例中的筱筱妈妈就没有“扛住”，反而加剧和延长了孩子的分离焦虑。所以，家长要以放松和从容的姿态引领孩子迎接新的生活。

10 嫉妒

精选案例

弟弟和哥哥踢完球一起回来，妈妈对哥哥说：“你身上怎么那么脏？你看弟弟的衣服干净多了。”哥哥不高兴地“哦”了一声。然后妈妈让他们每人吃一个巧克力冰激凌，弟弟吃完后就去洗手了，哥哥趁他不注意的时候，用自己沾有冰激凌的手悄悄地在弟弟身上摸了几下。吃完饭，该画画了，弟弟的画纸掉在地上，哥哥不但没有帮他捡起来，反而在上面踩了一脚。画纸变脏了，弟弟伤心地哭起来。妈妈听见后，前来询问情况，她判断哥哥是故意的，平时他也有这个毛病，对别人的优点和长处总是不服气，总想胜过别人，可是方法不对，现在他的嫉妒心更强了，于是妈妈狠狠地批评了哥哥。

嫉妒是一根痛苦的刺

古埃及有这么一则寓言。

鸟儿子问："爸爸，人幸福吗？"

鸟爸爸答："没咱们幸福。"

鸟儿子问："为什么？"

鸟爸爸答："因为人心里扎了根刺，这根刺无时不在折磨着他们。"

鸟儿子问："这刺叫什么？"

鸟爸爸答："叫'嫉妒'。"

鸟爸爸的回答没有错，人天生就有嫉妒心理，婴儿从16～18个月就开始出现嫉妒表情，两三岁的孩子嫉妒吃醋的心理就已经很明显、很复杂了。

嫉妒者不安的情绪体验一旦产生，就不容易摆脱，能持续影响他的情绪、态度和行为，它会破坏人际关系，伤害感情，并可能使孩子采用不正当的手段来伤害他人。嫉妒心强的孩子，在伤害别人的同时也在用别人的优点来折磨自己，使自己难以摆脱愤怒、沮丧、怨恨、自惭、自责等消极情绪，丧失自信和前进的动力。所以，嫉妒是一根伤人害己的刺。

我们每个成人都有过因嫉妒别人而使自己感觉不安的体验，孩子同样会被嫉妒折腾得不高兴、不愉快，甚至担心害怕。一些小事都有可能激起孩子的嫉妒情绪。

◦ 缺少玩具的寂寞

孩子心语：我有好几辆漂亮的小车，可是今天我发现茗茗的车比我的大，比我的多，跑得比我的还快。不行，我受不了了，为什么我不能拥有它？我一定要占有它！怎么办？明抢？暗拿？看着它干着急？各种招数都试一试吧。

◦ 失去爱的恐惧

孩子心语：妈妈怎么去抱别的宝宝了，还亲他呢，是不是不要我了？妈妈，妈妈，快点儿放手，来抱我呀！怎么还不来？哇——

◦ 没被表扬的冷落

孩子心语：老师说露露的画好看，难道我的不好看吗？那现在我拿支黑笔在他的画上胡乱涂上几笔！怎么样，还好看吗？老师，你现在得表扬我的画好看了！

嫉妒是一种复杂的负面情绪

嫉妒是与他人比较，发现自己在某些方面不如别人而产生的一种由羞愧、恼怒、怨恨等组成的复杂情绪状态，它具有破坏性。有人会把它与好胜心混淆在一起。好胜心是要求进步、不落人后的心理，人人都有好胜心，这是可以理解的。但嫉妒心不是单纯的好胜心，因为大家都知道嫉妒是不被他人和社会所接受的负面情绪，所以一般人都不会直接表露出自己的嫉妒情绪，还可能将其与其他情绪混合在一起。如果孩子能用正确的方式调整自己的心态，嫉妒的消极作用就可能比较微弱和短暂。但如果孩子不善于调节自己的情绪，使嫉妒情绪继续发展，就会给他的生活、学习和交往带来这样或那样的消极影响。

别不小心助长孩子嫉妒那根刺

既然孩子本来就爱吃醋，那么在平时的教养生活中，家长就要注意别招惹孩子，以防无意中激起孩子的嫉妒心理。

◦ 在喂养中故意让孩子“吃醋”

孩子的饮食、营养和健康非常重要，于是不少家长把“吃”当成排名第一的“硬道理”，其他的教育都为之服务。有些家长明明知道孩子已经有了“吃醋”心理，还故意利用它把食物喂到孩子嘴里，例如说：“宝宝，你再不吃这口饭，我就把它送给隔壁的茗茗了。”果然，孩子把这口饭吃了。当家长在得意这一招儿很管用的时候，却没想到自己可能助长了孩子的嫉妒心理。虽然孩子吃下了饭，但同时也“吃”进了嫉妒。因此，孩子的“吃”固然重要，但是从长远来看，这样做是得不偿失的。家长尽量用积极的、正面的教养方式比较好。

◦ 故意逗孩子由自卑转向嫉妒

有的成人喜欢逗孩子，一把把孩子手中的玩具抢过来，说“这是我的”或者“我不给你了”，看到孩子咧着嘴哭，就又还给孩子了。但是，孩子也辨别不出来玩笑的真假，被这样招惹以后，容易产生自卑心理。自卑常常是转化为嫉妒的前奏。当然，如果有朋友、邻居或者同事这么逗孩子玩，家长又不好意思驳人家的面子，可以悄悄地对着宝宝耳朵说：“别着急，别理他，一会儿他就给你了。”这样反而锻炼了孩子的耐挫心理。

◦反复提及孩子的嫉妒趣事

皮皮说他想变成一只小虫子，钻进东东的嘴里，把他的牙齿都咬成小洞洞，这样他吃饭就不快了。原来，老师总是夸东东吃饭又快又不撒饭粒，皮皮怎么努力也赶不上他，就幻想出这么一个情景，暂时求得心理平衡。妈妈听了以后觉得孩子太有意思了，逢人就说这个笑话，皮皮就在一边听着，时间长了，他的幻想故事越来越多，妈妈得到的“快乐”也越来越多。实际上，这种做法会助长孩子把嫉妒变成趣事渐渐弱化。

调节嫉妒情绪的策略

孩子的嫉妒心理不可能完全消失，但是经过家长的引导，可以尽量减少嫉妒这根刺对孩子和他人的伤害，使这种消极心理向积极方面转化。

◦关注破坏性的嫉妒行为，并晓之以理

孩子的嫉妒具有外露性，这是与大人嫉妒的不同之处。大人心生嫉妒时，虽然不高兴，但会尽量忍受，也不会形之于色；孩子却直接而坦率地表露出来，不能有效地控制自己的情感，根本不考虑后果，攻击性和破坏性也很明显。但这有利于家长及时发现孩子的嫉妒情绪，采取果断的态度阻止孩子的破坏行为，不要以为这是孩子之间打打闹闹的小事而忽略对孩子的教育，要给孩子讲清楚嫉妒给别人和自己带来的害处。

◦指导孩子采取正确的做法，把嫉妒心转化为进取心

孩子的嫉妒往往是无意识的，还没有形成稳固的习惯，它是孩子想

胜过别人但又不知道怎样采取正确方法的结果，家长要善于理解孩子这一心理特点，与孩子平静地交流，让孩子和家长都明白孩子的正面追求是什么，然后因势利导，帮助孩子把嫉妒心转化为进取心。

比如本文开头的事例，妈妈可以对哥哥说："我知道你也想干干净净的，得到妈妈的表扬；那么你只要做到这一点，妈妈就表扬你；你把弟弟衣服弄脏了，不会得到妈妈的表扬，如果你现在把弟弟被弄脏的衣服变干净，妈妈就会表扬你。"

◦ 正面鼓励孩子，不要一味地哄孩子

孩子特别需要家长的表扬和鼓励来建立信心，于是有的家长单一地、夸张地表扬孩子，孩子有了什么不对的地方，也把责任向别人身上推。孩子长期被这么哄着，久而久之就不愿意学习和承认别人的优点了，不接纳和嫉妒别人的事情随时可能发生。

例如在一项小比赛或者小游戏中，孩子输了以后比较伤心，有的家长就说："他有什么了不起的？我们也行！"这样也许安慰了孩子，却是逃避现实的嫉妒言语。家长可以正面鼓励孩子："人家学会了，我们经过练习也一定能行！咱们回家试试吧！"

◦ 将嫉妒转化为掌握相关知识和技能的动力

有的孩子会因为自己折不好纸或画不好苹果而嫉妒旁边的小朋友。的确，知识和技能上的匮乏常常是孩子产生挫败感的直接因素，也潜藏着嫉妒的危机。如果孩子属于这种情况，家长可以手把手地教他知识和技能，让他产生成就感，蓄积自身的潜能和优势，建立自信心。

◦别人成功乐于喝彩，别人不幸乐于助人

嫉妒的孩子心胸狭窄，不易接受别人的优点、长处和成功，但是这个缺点经过家长的调教可以得到改善。当听到孩子说别的小朋友获得什么奖励、取得什么成绩，家长不要立即批评孩子不如别人，而是要先鼓励孩子接纳别人，并用某种方式为别人喝彩、祝福，培养孩子宽广、谦虚的胸怀。当小朋友有困难了、退步了、受批评了，引导孩子学会同情和帮助别人，而不是因为别人不如自己优秀或优越而幸灾乐祸。如果孩子能做到别人成功乐于喝彩，别人不幸乐于助人，他和他的同学都将减少因嫉妒而受到的伤害。

11 逆反

• 精选案例

一位妈妈说，孩子2岁半，有时候因为一件事就彼此对抗。例如，孩子看到大人拿刀削苹果，一定要自己尝试一下，嘴里说着：“让我！让我！”然后就抢刀。大人不给他，他就生气，很倔强地坚持着，直到把刀抢到手为止。妈妈说：“把刀还给妈妈。”他就会大声说：“不！”

这位妈妈说，这样的事情在生活中经常性地重复，我

真的不知道该如何让孩子知道刀是不能随便乱动的。我在想，是不是应该让他试一次，把手划破了，或许他就知道不能随便乱动了。一次我们烧开水，煤气灶非常烫，他伸出小手去摸，我还未来得及制止，他的小手就摸上了，烫了一个大泡，然后他就牢牢地记住了，并且以后常常会告诉我：手在这里被烫过。

为什么孩子变得倔强不听话？是不是孩子都要经历一次产生痛苦的教训，他才知道什么事情该做，什么事情不该做？但这样岂不是孩子很危险、大人也很担心呢？

孩子一生要经历两个逆反期

在儿童的心理发展过程中，2～5岁和12～15岁分别有一次特殊的逆反期，表现为性情急躁，不听话，不愿让别人干涉他们的事。当然，两次逆反期又有明显的区别。

第一逆反期的孩子主要表现为什么事都要自己做，历来温顺听话的他这时变得急躁、不听话。勺子还拿不好，却要自己吃饭，不让他做，他就会哭闹。尽管这种反抗在不同的孩子身上表现的程度不同，却是一种普遍现象。面对孩子的反抗，家长采取不同的教育方法会产生不同的结果：不分青红皂白地采取粗暴态度，常导致孩子更强烈的反抗，给逆反、退缩、孤僻等不良性格的滋生打下基础；而采取以退为进的方法，尽量避免与孩子硬碰硬地发生冲突，然后抓住机会，通过说服、引导使其顺利度过反抗期，则是有效又有益的做法。

TIPS

帮助孩子度过逆反期

逆反期是孩子正常的心理发展过程，如果他能够顺利度过这段时期，对他的心理健康和成长都大有益处。对比研究发现，在对高反抗性和低反抗性儿童的追踪观察中，高反抗性一组中 84% 的孩子意志坚定，有主见，有独立分析和判断事物并做出决定的能力；而低反抗性一组中只有 26% 的孩子具备这种能力，大多数遇事不能独立承担责任，做事不果断。可见，家长要正确对待孩子的逆反期，积极引导和帮助孩子顺利度过逆反期，为他健全人格的形成打下良好的基础。

第二逆反期的孩子已进入半幼稚半成熟的青春发育期，他们的自我意识和成熟意识逐渐增长，而社会经验又不足，易出现各种极端问题。比如，喜欢与家长去公园的孩子变得不愿再跟着家长；一直很听话的孩子也常常不听话，有时还向家长发脾气；做事喜欢我行我素，富于冲动和冒险性，不愿与家长商量。这一时期的亲子关系比较紧张，处理不当极易导致孩子出现心理健康问题，严重者则可能离家出走，甚至自杀。因此，家长不宜简单地拒绝逆反期的孩子，应该多想办法与孩子沟通思想和感情，既做孩子的家长，又做孩子的朋友。

应对第一逆反期的策略

逆反期孩子的最大特点是明知故犯、不讲道理、喜欢狡辩、叛逆常规，常规教育方式对他们通常不太有效。这就特别需要家长保持冷静、沉着、机智与果断，回避与孩子针尖对麦芒似的冲突与矛盾。

◦ 冷静倾听孩子的奇谈怪论

逆反期的孩子把自以为是当作自我表现，故意歪曲常理，制造一些奇谈怪论。家长不要与孩子争辩，见怪不怪即可。

• 精选案例

一然3岁，他早就知道自己的姓名、年龄和属相，常见动物和日常生活物品他也都认得。但是最近他故意说反话、说错话。别人问他，他说自己叫二然，今年10岁，不属猪而属羊。他指着天上的鸽子对妈妈说："这不是鸽子，是老鹰。"指着天花板上的灯问："这是排风扇吗？"他说的时候一本正经，不是捣乱，也不是哗众取宠，一副冷幽默的样子。如果给他纠正，他就跺着脚坚持自己的说法。妈妈说没想到孩子这么逆反，先等等吧，秋季上了幼儿园应该会改善。事实也是如此，"奇谈怪论"逆反期之后，一然保留了独立意识，兴趣点转移到更加深入的探究活动。

◦ 机智地说反话

逆反期孩子的口头禅是“不”。问他吃饭吗，他说“不”；跟他说现在该走了，他说“不”，其实他明明马上就过来吃饭或正在准备出门，但偏要跟家长说“不”。家长对孩子的这些“不”可以当作没听见、不理睬，这样孩子的逆反因得不到家长的回应而自讨没趣，逐渐弱化。家长也可以故意说反话，让孩子没法说“不”。例如，孩子要看电视，对孩子说：“你是要看电视吗？”他说“不”就不开电视，这时他会不高兴，家长就说刚才问你看不看电视，你说“不”，那你应该说什么？他只能说“是”。这是一个适可而止的语言思维游戏，它让孩子明白总说“不”有时会吃亏，也无法为自己总说“不”而沾沾自喜。

◦ 多用陈述句，少用疑问句

当家长用疑问句征求意见的时候，逆反期的孩子特别喜欢表达反对意见，例如家长说：“9点了，咱们睡觉吧？”逆反的孩子十有八九说不睡。为减少孩子故意抗拒的机会，家长可以用陈述句直接说：“9点了，咱们该睡觉了。”这种表达方式简单利落，让孩子感觉没有商量的余地，然后家长就开始做睡觉前的各种准备，让孩子感觉到底线就是不可动摇的。

◦ 在规则面前让孩子感觉逆反毫无效果

有些逆反，家长可以不必计较；有些逆反则要认真对待，尤其是一些基本规则，家长需要坚持到底，让孩子感觉在规则面前逆反毫无效果。例如，在去商场之前，妈妈跟孩子商量好一次只能买一种家里没有的新玩具，如果买了一个还要买，就回家不去游乐场了。到了商场，孩子拿着两个新玩具不走，妈妈就给出选项："如果你只选其中一个玩具，我们买完后就去游乐场。如果你要两个都买，我们买了之后就回家不去游乐场了。你选吧。"如果孩子选择两个玩具又闹着去游乐场，家长不能心软屈从，让孩子明白要为自己的选择承担后果，不能随心所欲。

◦ 沉着地防患于未然

2岁的孩子已经有一些安全常识了，但是当他逆反的时候，他会明知故犯、偏闯禁区，家长给他讲道理也没有用。为了避免亲子冲突，同时保证孩子的安全，家长要尽量把危险的东西藏起来，放在孩子翻箱倒柜也找不着的地方。如果孩子非要拿厨房里的刀玩，家长可以尝试"切"一个他喜欢的玩具，例如先在玩具上轻轻地"切"一道印，让他亲眼看见刀是很危险的，当然也是让他心疼自己的玩具被刀"切"，他就对玩刀没有好感了。**在心理学上，有时为孩子添加厌恶刺激，会有效地降低孩子的冲动行为。**

12 攻击

精选案例

津津穿了一件新毛衣，走到浩浩的身边说：“看我的新毛衣。”浩浩只顾玩自己的，没有搭理津津。津津又说了一句：“妈妈说毛衣起电。”浩浩抬起头看着津津说：“什么？你敢电我？”津津大声强调了一句：“我说毛衣起电！”浩浩说：“你电我，你走开！”然后使劲推了津津一把。津津哭了，对老师告状说：“浩浩打我。”老师问浩浩：“你为什么打他呀？”浩浩说：“他电我。”津津说：“我没电你。”浩浩说：“我没打你，我推你。”老师无法搞清楚事情的来龙去脉，最后摸一摸两个孩子的头，说：“好了，没事了，各玩各的吧。”

攻击产生的原因

○认知上产生误解

浩浩与津津之间发生冲突，是浩浩对津津的言行产生误解造成的。

津津想告诉浩浩自己穿了一件新毛衣和一个新经验："妈妈说毛衣起电。"当时正在自己玩的浩浩听成了津津要"电"自己，于是就推开津津。当津津告状说浩浩打自己的时候，浩浩为自己澄清："我没有想打你，我想推开你，推不是打。"总之，这场冲突与攻击是误解造成的。

研究发现，当评估对方有伤害、攻击自己的意图时，个体出于自我保护的本能会主动攻击对方。平时习惯于攻击的孩子更容易评估对方有攻击自己的意图，不少小朋友有时无辜遭受袭击，大多是这个原因。

◦家教粗暴或溺爱

家教方式会影响孩子的攻击性情绪。有些家长惯用批评、惩罚等粗暴方式管教孩子，孩子以为这就是解决问题的方式，于是也以同样的方式来对待其他孩子，表现出攻击性。孩子做错了事，如果家长不分青红皂白地先训斥孩子，孩子得不到理解和宽容，很容易产生抵触情绪。这种压抑的情绪也容易"转移"到别人身上，于是就出现了找别人出气的攻击行为。还有的家长鼓励孩子："如果有人欺侮你，你要狠狠地揍他。"得到纵容的孩子自然容易产生攻击行为。

有一种溺爱也刺激孩子的攻击性，就是孩子在家里习惯了用摔东西、拳打脚踢的方式要挟家长。家长一看孩子这样就想息事宁人，迁就孩子的行为，孩子就容易把家里的行为迁移到外面，进而表现出攻击性。

◦不良环境刺激

由于孩子模仿性强，辨别是非能力弱，因此很容易通过观察学习到周围人或是影视镜头里的攻击行为。如果经常看武打片或玩格斗游戏，孩子的攻击性情绪就会得到强化。另外，如果孩子发现自己在偶然几次的攻击行为后赚了“便宜”，得到“好处”或者尝到“甜头”，其侥幸行为和攻击欲望就会有所增强。若再受到同伴的鼓动和赞许，其攻击行为就会进一步加重。

调节孩子攻击性的策略

◦引导孩子正确理解他人

孩子对他人的言行往往以自我为中心作出判断，难以准确判断对方有没有侵犯自己的真实意图，例如别人可能只是无意中撞了自己，孩子却可能认为对方是故意侵犯。孩子之间的很多冲突与攻击都是因为彼此间没有搞清楚对方的行为动机，而用敌意的眼光随意猜测别人的动机才发生的。所以，家长首先要心平气和地倾听孩子对事件过程的描述，努力搞清楚孩子的思维方式，引导孩子善意地理解他人，进而宽容他人。

◦区别对待孩子的不同情况

孩子为何产生攻击情绪？这与他曾经获得的不良经验有关，例如孩子有过被别人抢玩具的不愉快体验，那么他可能会为保护自己的玩具而与别人发生冲突。孩子之间还会为争抢游戏角色而发生冲突，孩子大都喜欢争着当爸爸、妈妈、姐姐和医生等，不喜欢当妹妹、弟弟和病人等，因为这些角色受人摆布，没有主动权。所以，家长要区别对待孩子的不同情况来理解和调解彼此的冲突与攻击。

引起孩子冲突与攻击的缘由非常多，大致包括报复还击、保护自己的物品、无故挑衅欺侮他人、游戏活动纠纷、他人违反规则、获取他人物品、占位子争空间、帮助好朋友或受人指使。对于因报复还击和保护物品而攻击的孩子，可以尝试通过接纳、共情或认知法引导孩子正确理解他人，学会宽容；对于无故挑衅欺侮他人的孩子，要态度严肃地教育，可以尝试隔离、批评、惩罚、区别强化或运动法；对于因游戏活动纠纷、他人违反规则、获取他人物品、占位子争空间而攻击的孩子，可以尝试引导孩子学习轮流、分享、合作的交往方式；对于因帮助好朋友或受人指使而攻击的孩子，则要提高孩子明辨是非和独立判断的能力。

TIPS

与孩子共情

孩子攻击他人的时候总认为自己是有理的，对批评指导会不服气。因此，家长需要与孩子共情，就是站在他的角度接纳他自以为合理的理由，避免全盘否定他而导致逆反情绪，然后再与他分析：别人的动机是什么？刚才的攻击行为效果好吗？有更好的解决办法吗？如何做一个受欢迎的孩子……

○ 营造和谐的家庭生活环境

孩子的性情深受家庭环境的影响。研究发现，经常目睹家长之间争吵、挑剔与不和的孩子，在情绪情感和社会性发展方面显著低于和睦家庭的孩子，容易表现出自卑、怯懦、冷漠、压抑、多疑、攻击等性格缺陷。这一方面与模仿家长的攻击性有关，另一方面也与孩子生活在压抑的家庭环境中有关——他们积累了太多的不良情绪需要发泄。所以，为孩子营造和谐的家庭环境对孩子的情绪发展非常重要。

家长的生活态度和教养方式也塑造着孩子的性情。例如，堵车的时候不要随便发脾气；不要因自己遇到某些事情不顺心而在孩子面前毫无顾忌地攻击别人。有一类教养方式也会影响孩子的情绪健康，例如这类家长先是对孩子放任自流，让孩子的打斗行为得到默许，等孩子的攻击行为带来麻烦、难以管教、忍无可忍的时候就把孩子狠狠地教训一顿。这等于给孩子提供了一个攻击行为的模仿原型，不但达不到教育目的，反而变相地暗示孩子：当别人使你不满意时，应该“这样”对待他。所以，家长要抛弃冷漠、高压、惩罚式的管教方式，实践民主、关爱的家教，消除滋生攻击性土壤的家庭环境。

◦ 提高孩子的移情能力

移情是设身处地感受他人情绪的能力，是产生同情、不忍攻击的心理基础。通过观察可以发现，如果当被攻击者有痛苦表现时，孩子仍然难以停止攻击行为，就是因为他缺乏移情能力，体会不到他人所遭受的痛苦，也不会产生羞愧和内疚感。所以，当孩子出现攻击行为时，家长要教育孩子认识到他的行为给别人带来的痛苦与危害，并启发孩子联想：“当你被别人打了，你疼不疼？难过不难过？”通过培养孩子的移情能力来减少他的攻击行为。

◦ 不过度干预孩子的冲突

因为冲突毕竟是孩子之间遇到的麻烦事，很容易升级为相互攻击。为了和平与安全，家长往往看见孩子有冲突就前去干预或平息。这种愿望是可以理解的，但有时的确没有必要。因为中等程度以下的冲突是孩子学习理解他人、锻炼人际交往的机会。冲突使孩子感受到原来别人与自己的想法不一样，为了达成共识，需要协商，协商的技巧更需要在一次一次的冲突中去揣摩。而且孩子之间是完全平等的，不像在家里总有人让着自己，所以适度的冲突有助于孩子走出以自我为中心的思维习惯。

有时对正在发脾气的孩子讲道理并无效果，因为这个时候孩子是情绪化的。孩子可能只是想发泄一下，表达自己的真实心情，未必需要家长的干预，因此家长可以对其进行“冷处理”，不去干预，只要保证孩子的行为是安全的就好。过不了一会儿，孩子自己就能走出冲突情绪。

◦ 少看武打片

很多孩子喜欢看格斗、武打等题材的影视剧，而这些故事大多反映了主人公这样的特点：倔强的性格和用武力解决冲突的思维方式与行为模式。孩子越看，心里就越暴躁，越躁动不安，动不动就想自己试一试。

父母作为孩子健康成长的监护者，需要减少大众传媒对孩子的消极影响。为此，家长要限制孩子看惊险刺激、结伙凶杀、拳击、枪杀、武打或残酷场面较多的节目，还可以通过与孩子一起观看节目并对其进行解释和评价，增强孩子辨别是非的能力。家长对不良影视内容进行消极评价可以减少孩子的模仿行为，例如根据剧情与孩子分析动不动就发脾气、耍性子，只会把问题引向极端，甚至两败俱伤；与孩子讨论解决问题的最佳途径是协商，即和平途径。

在实际生活中，如果孩子出现模仿影视故事主人公的不文明言行，不要觉得孩子只是学学玩玩而已，家长要立即制止。

13 受欺负

• 精选案例

丽达是个很漂亮、很听话的小姑娘，幼儿园的老师和小朋友都很喜欢她。有一天，班里来了一个很淘气、不听话的小男孩。妈妈告诉丽达不要招惹这个小男孩，可是小男孩却主动来招惹丽达。丽达正在画画，小男孩用水彩笔在她的白纸上胡乱画了一道，丽达赶紧用胳膊护着画纸，小男孩动作迅速地用笔在丽达的脸上和衣服上画了几道，丽达不会还手，大声哭起来，干净的小脸和衣服都被弄脏了。晚上，老师把事情的经过告诉了妈妈，妈妈心疼得当时就流下了眼泪。小男孩的妈妈要赔丽达一件衣服，丽达的妈妈说：“一件衣服能解决什么问题？更加严重的问题是丽达害怕小男孩，害怕幼儿园！”第二天早上，丽达说什么也不愿意上幼儿园。

正确认识孩子的欺负行为

不管成人世界，还是孩子世界，从来都不是和平的“大同世界”，人与人之间总会有差异、冲突和矛盾。孩子之间的冲突更加频繁和明显，因为孩子不会像成人那样掩饰和规避矛盾。对孩子来说，冲突不但是必然的，也是必要的。因为只有面临冲突，孩子才能逐步走出以自我为中心的思维方式，认识到别人与自己是不同的，自己不能强迫别人的意愿，别人也不能强迫自己的意愿，这样才能促进孩子学会尊重他人，也学会自尊，最终学会协调自己与他人之间的关系。可见，虽然冲突会造成人与人之间的不愉快，但冲突是不可避免的，**中等程度的冲突还能促进孩子人际交往智能的发展。**

当然，不同孩子之间的交往习惯有差异、动作力量不均衡，这些因素都会导致冲突双方产生不同的心理感受，不还手、后动手或者动手比较轻的孩子会处于受欺负的劣势状态，温和谦让、性格内向的孩子可能会遭到习惯差、爱动手的孩子的攻击。在这种情况下，受欺负和欺负人的孩子都应该得到妥善的关注和引导，使他们的交往能力共同得到提高，培养他们健康的心理和良好的性格。这需要双方家长、幼儿园老师和孩子的共同努力。

解决孩子受欺负问题五部曲

◦ 抚慰受欺负的孩子

受欺负的孩子会产生复杂的感受，委屈、害怕、沮丧，甚至自卑、退缩，特别需要家长的抚慰。家长可以先拥抱孩子，安慰孩子“不怕不怕”，不要急于追问孩子“怎么回事”“为什么”，情绪紧张的孩子可能表达不清楚是怎么回事。等孩子稍微平静一些了，让孩子坐在自己的腿上，鼓励他慢慢倾诉自己的心情和事件的过程。妈妈的理解与接纳会让孩子的情绪放松许多。

在抚慰孩子阶段，有一种行为是不适宜的——责备孩子不还手。孩子受欺负以后，有的妈妈责备孩子“窝囊”。一位妈妈当着孩子的面声色俱厉地训斥：“人家打你了，你就知道哭，你怎么不还手呢？只有窝囊废才哭哭啼啼！下次他怎么打你，你就怎么回敬他，不许哭！”妈妈的训斥、抱怨和责备起不到宽慰孩子的作用，反而雪上加霜，使他承受了更大的心理压力。

◦ 与老师妥善沟通

欺负人和受欺负的事情主要发生在幼儿园，幼儿园老师是防范和解决孩子之间冲突的主要人物，所以家长与幼儿园老师的沟通非常重要。欺负人的孩子有一些特点：有的孩子欺负人专挑容易受欺负的孩子，这些孩子往往比较老实，还手力量比较弱，他人的欺负行为容易得逞；有的孩子欺负人不挑对象，只要自己不顺心就会出手攻击。不管怎样，成人都需要特别关注经常欺负人的孩子。例如，让欺负人和容易受欺负的孩子分开坐座位、分开活动；对于欺负人不挑对象的孩子，则需要把他安放在离成人比较近的位置，这样可以随时制止孩子比较危险的欺负行为。

在与老师妥善沟通阶段，有一种行为是不适宜的——要求老师批评或惩罚欺负人的孩子，有的家长甚至要求幼儿园把这类孩子分到另一个班级，这些要求是不现实的。因为每个孩子在成长过程中都会遇到这样那样的烦恼，幼儿园不能因此歧视、惩罚孩子，更不能拒绝孩子在幼儿园受教育的权利。另外，**幼儿园是一个小社会，无论现在还是将来，孩子总要与不同的人打交道，包括一些爱攻击、较霸道的人，谁也无法拒绝他们的存在，而要学习、锻炼与他们相处的方式。**

◦ 与欺负人的孩子的家长妥善沟通

父母都希望孩子之间和和气气的，但是因为每个孩子的性情不同，家长的教育方式不同，有的孩子存在欺负人的不良行为，而他们的家长也不希望孩子这样。受欺负孩子的家长要相信人人都有善良之心，与欺负人的孩子的家长妥善沟通教育孩子的方式方法。

在与家长妥善沟通阶段，有一种行为是不适宜的——兴师问罪。有的家长直接找欺负人的孩子及其家长进行“理论”或者“算账”；有的家长鼓动别的孩子和家长不要理睬欺负人的孩子。但这些行为常常没有如意的结果，因为这种兴师问罪的做法反而减轻了对方的内疚感，他们会觉得你的脾气已经发泄了，难听的气话也说完了，自己已经受到指责与惩罚。同时，这样对孩子的影响也不好，因为家长终究还是要提高孩子认识与解决问题的能力，兴师问罪实际上也是一种包办代替，使孩子养成有问题就依靠家长，自己则被动等待的习惯。

○ 与欺负人的孩子妥善沟通

要相信两三岁的孩子欺负人，主要是没有掌握成熟的交往技巧或者行为习惯不良的原因，而不是孩子主观上要伤害人或者道德品质有问题。家长要以“幼吾幼以及人之幼”的博大之爱理解和宽容孩子，并从正面引导孩子。比如可以对案例中的小男孩说：“阿姨知道你不是故意打丽达，你是想与她一起画画，对吗？那你就问问丽达愿不愿意跟你一起画。而且画画要在纸上画，不要在脸上和衣服上画，对不对？”

在与欺负人的孩子妥善沟通阶段，有一种行为是不适宜的——在孩子之间树敌。有的家长把孩子之间的得失看得比较重，总是主动插手孩子之间的事情，替孩子做法官和裁判。实际上，两三岁的孩子对人际关系的利益得失反应不太敏锐，自己占了便宜也不觉得风光，自己吃了亏也不觉得丢面子，他们常常昨天大打出手，今天又握手言和。有的妈妈就训斥孩子：“你怎么没有记性？不能跟他玩，否则他再欺负你，妈妈不管你了！”妈妈应该支持和培养孩子“相逢一笑泯恩仇” 的胸怀与度量。

○ 传授孩子反欺负技巧

对孩子进行“反欺负” 技能的培养是很有必要的，这倒不是为了“争口气” 或者 “挽回面子”，而是培养孩子在游戏冲突中提高人际交往智能。

• 模拟训练。在家里故意“侵犯”孩子，看他会不会躲闪回避，以此来锻炼他对外来危险的预见能力以及迅速规避的能力。

• 学会呼救。教孩子几个简短的句子，并让他大声而快速地说出来：“你干什么？”“老师快来！”给对方以威慑，为自己呼救。

• 指导细节。面对眼泪汪汪的孩子，父母要保持冷静，不急着表态，让孩子慢慢倾诉，再根据孩子交往中的薄弱环节加强指导。

• 适度防卫。孩子也有动手自卫的时候，家长难免暗暗惊喜宝宝“该出手时就出手”的能耐，但是教育孩子要“见好就收”，不能“防卫过度”，否则过犹不及，孩子真正爱动手了，新的问题又来了。

14 浮躁好动

• 精选案例

康凯又惹祸了，上午小朋友在活动区玩的时候，他把小朋友的鞋藏起来，看着小朋友找不着鞋干着急的样子，他一副与己无关的神情。画画的时候，他先碰了一个平时很老实的女孩的头，然后又用水彩笔在人家身上画。女孩子没有哭，也没有闹，只是平静地对老师说：“他把我的衣服画脏了。”下午，班主任老师带班，他无厘头似的跟老师说：“老师，我一万年喜欢你，一万年听你话。”过了一会儿，老师问他上午的事情，他先是若无其事地说：“没有啊！”老师说小朋友要诚实，他又说：“我记不清楚了。”老师问他想不想做个诚实的好孩子，他说：“随便啊！”上课的时候他想听就听，不想听就走；户外活动的时候，他会突然消失，害得老师到处找，找到之后他毫不在乎地说：“我想上厕所。”老师问他为什么不打一声招呼就跑，说这样老师会担心的，他说：“我忘了。”这孩子就是这样，情绪不稳定，喜怒无定性，经常惹事。

浮躁好动是良好性情的大敌

活泼好动是孩子的天性，但浮躁好动属于不良性情，对孩子的心理健康、良好性格、行为习惯和学业进步都具有消极影响。

浮躁与急躁相近，与沉稳相对，是一种心神不宁、焦躁多动、缺乏恒心、盲目冲动的态度与性情。

浮躁有时只是偶然因素造成的暂时态度，例如孩子对活动不感兴趣，坐在那里百无聊赖，面对大众心情紧张、不自在，因为做错事、挨批评等原因一时心情烦躁，或者遇到一件难得的好事，都可能难以把心静下来。而且孩子的心理调节水平和自我控制能力本来就比较弱，便开始随处走动，双手不自主地随意摆动东西，甚至招惹附近的同学……孩子的这种好动就属于偶发行为。只要孩子平时的行为正常，在类似以上的特殊情况下才会多动，那么就可以判断为偶发的浮躁好动。

还有一种浮躁是比较稳定的不良性情。这些孩子经常上课注意力不集中，小动作多，乱插嘴，交头接耳，对同伴错误的回答表示鄙视和起哄，随意举手（好表现却因听不清问题而答非所问）；喜欢乱跑乱窜，动作莽撞，不是撞着同伴就是弄响座椅，时常制造点动静；做游戏时不投入，看别人玩什么自己就玩什么，盲目从众，爱搞恶作剧，坚持时间短，浅尝辄止；有扔抢玩具、排队拥挤、大声叫喊、不爱惜物品等不良习惯；绘画、做手工、搭积木时有头无尾，缺乏耐心。另外，他们还具有兴趣不专一、认知肤浅的特点，虽然所有的物品都是这些孩子研究的对象，但他们只停留在好奇、玩弄的水平，通常爱瞎鼓捣，具有一定的破坏性，经常把玩具、图书、物品弄坏，缺乏研究性学习所具有的深度感知、动手探究、推理概括等高级思维品质，急于求成、情绪烦躁、缺乏自控也是常有的事。

浮躁好动产生的原因

◦ 家长心态

快速发展的现代社会导致人们以快速的方式生活、工作与学习，激烈的竞争与工作压力容易使年轻的父母紧张、焦虑、不安。家庭则是心灵放松的港湾，但是如果在孩子面前频繁表现过激言行和不满情绪，会给孩子潜移默化的影响。有些家长自身情绪发展不够成熟，平时比较情绪化，容易急躁，遇事缺少耐心与冷静，给孩子树立了负面学习榜样。

◦ 生活环境

研究发现，纷繁嘈杂、经常变动、不安稳的生活环境容易使人滋生浮躁心理。例如，居住环境处在闹市区，家里电视、音响、麻将等声音不断，周围人说话时总是大声嚷嚷，家里客人不断、人来人往，时常搬家变换生活环境等因素都会打破孩子平稳的身心节奏，使他情绪亢奋、注意力易分散、兴趣点易转移，影响孩子的心理平衡与定性。

◦ 教养方式

过度放任或者过度限制孩子，都有可能导致孩子浮躁好动。有的年轻父母比较崇尚自由，对孩子疏于管理，任其“自由”发展，孩子长期放纵散漫惯了，就容易变得浮躁。有的父母则相反，对孩子严加管教、保护，过多限制孩子的自由活动，忽略了孩子也是一个独立的个体，需要自己的空间。这些孩子在家长面前服服帖帖，一旦离开家长的视线，就像脱缰的野马，大肆发泄被禁锢的情绪，出现更多的浮躁行为。因此，家长应对孩子既不放纵也不压制，创造和谐的教养环境，可以有效避免浮躁行为的发生。

◦ 神经类型

心理学研究表明，人的活动特点受人的高级神经活动类型的影响，不平衡、不灵活的神经类型的人容易急躁、冲动、沉不住气、注意力易分散、意志力较薄弱。如果孩子具有这种先天的遗传基础，就具有较多的浮躁好动表现，而后天良好的教育会使其得到改善。

调教浮躁好动孩子的策略

◦ 参加抑制浮躁的游戏或学习活动

绘画、弹琴、做手工、下棋、打牌等活动都需要孩子静心投入才能做好，可以有针对性地吸引孩子参与。但浮躁好动的孩子最初可能缺乏耐心，急于求成，遇到困难就想放弃。家长可以引导孩子用语言进行自我暗示："不用着急，爸爸妈妈不催我。""急躁会把事情变坏，我可以不急躁。""坚持就是胜利。""做不好没有关系，我可以再做一次。"只要鼓励孩子坚持进行这些心理练习，孩子浮躁好动的毛病就会慢慢改掉。

◦ 培养孩子先想后做、有头有尾的好习惯

如果孩子养成平时先想后做、有条不紊、有始有终的好习惯，就不会焦躁虚浮。例如要画画了，家长先问问孩子："你想画什么？你想怎样画？需要哪些画笔？你打算先画什么，后画什么？"画完之后再问问孩子："你把想画的都画完了吗？你刚才不是说还要在这里画一只小兔子吗？添上一定会更好看！""画完画的最后一件事是什么？请你把画笔、画纸收拾好，下次画的时候好找。"最初这样要求孩子的时候，他可能会丢三落四，家长就得多提醒，但不要吵也不要替代孩子，家长耐心地多督导几次，孩子形成习惯就好了。除了画画，在其他学习、游戏和生活方面也是如此，指导孩子按照一定程序做事，语言交代简洁明确，操作方式具体化，鼓励孩子踏踏实实做每一件事，直至最终养成好习惯。

◦ 给幼儿倾诉情绪的空间

孩子毕竟还不成熟，有时产生浮躁好动的情绪是难免的，家长需要做的事情不是扼制孩子的浮躁，而是帮助孩子转化浮躁。孩子浮躁的时候多以冲动的行为、过度的动作、不妥的语言等形式表现出来，家长发现了就可以对孩子说：“你好像挺兴奋（气愤、委屈、害怕、难过）的，说给我听听。”鼓励孩子将积聚在内心的激动情绪用倾诉的方式表达出来，既帮助他减轻了情绪压力，又锻炼了他的情绪认知和语言表达能力，当然避免了其浮躁行为的爆发。

◦ 逐步延长注意时间

浮躁好动的孩子注意力不集中，注意时间比较短。这里的注意时间是指有意注意时间，即孩子不管喜欢不喜欢注意对象，都能为了完成任务、遵守要求而控制自己的注意时间。这种时间的长短受身体机能的限制，不能无限延长。一般情况下，5～7岁孩子的有意注意时间为15分钟，7～10岁为20分钟，10～12岁为25分钟，12岁以上可达30分钟以上。孩子做自己感兴趣的事情，所调动的是无意注意，无意注意时间要远远超过有意注意时间。因此，家长可以半分钟或一分钟为进度延长孩子的有意注意时间，孩子达到一个目标以后需要保持一段时间，再提出新的目标，而不要以为进度越快、时间越长对孩子越有好处。

◦ 科学的体育运动

有的家长认为孩子本来就好动，矫正的办法就是限制孩子的活动，让他练习静坐。实际上，好动、多动不等于体育运动，适度的体育运动恰恰是矫正孩子多动的科学方法。体育运动要求孩子集中注意力，在运动中协调身体的各个部位，锻炼视觉、听觉和动觉的统合能力，能有效预防和矫正孩子不协调的多动现象。所以，家长可以带孩子定时定量地做一些体育运动，如拍球、踢球、抛接球、打羽毛球、打乒乓球、游泳等。如果拍球的时候让孩子数数但不能出声，更能锻炼孩子的集中注意力。

◦ 减轻心理压力和娇惯溺爱

心理压力过大会让孩子躁动不安，家长要尽量减少孩子的心理压力源，例如要求过严，期望过高，遭歧视或嘲笑，家长态度粗暴，家庭关系、师生关系和同学关系紧张等。现在家人的注意力往往都集中在孩子身上，容易出现宠爱有加、娇纵溺爱、百依百顺的现象。家长的这种过度关注有可能刺激孩子喜欢在家长、众人面前过度表现。所以，家长要对孩子爱在心里，将这些爱适度表现于言行，给孩子营造理性的成长环境。

◦ 妥善调理饮食

近年来的研究表明，浮躁好动与饮食可能有一定关系。多动的普通孩子和多动症孩子应减少含淀粉、蔗糖较多的食物，如土豆、南瓜、苹果、香蕉等；增加含蛋白质较多的食物，如牛奶、鸡蛋、豆制品、花生等。同时，皮蛋、贝类、油炸食品等食物以及胡椒之类的辛辣调味品应减少食用，因为这些都可能诱发孩子多动，或者加重多动症状。

15 争强好胜

精选案例

电视台要为某一个幼儿园的孩子拍摄一段录像，为了取得较好的视听效果，不能让这个班级的所有孩子都参与，于是只有一半的孩子参加了节目。没想到，第二天就有个别家长来园告状说“老师伤害了孩子的自尊心”。原来是没上节目的个别孩子回家后不吃饭、发脾气，哭诉道：“有的小朋友还没有我表现好呢，为什么他能上电视，我不能上电视？”“老师偏心，喜欢别人，不喜欢我。”家长知道后不但没有正面引导孩子，而且还把老师告到园长那里，弄得园长和教师都很被动，她们寻思着：“没想到一件好事变成了一件麻烦事，下次再有类似的活动，还要不要组织孩子参加？”

争强好胜的孩子往往“输不起”

拥有较强的竞争能力是现代人立身处世的基本素质之一。重视培养孩子的竞争意识和能力，说明现在的父母具有主动进取精神，希望孩子能占据人生的制高点，有一个好的发展前途，这与竞争激烈的现代社会是相呼应的。

竞争本身是个中性词，对人具有健康、向上、文明的积极促进作用的就是良性竞争，使人出现自私、狭隘、妒忌、规避、退缩等消极现象的就是恶性竞争。而导致孩子出现一些不良表现的竞争行为不应该被鼓励。例如以下几种情况。

生气。中班孩子在进行拍球测试，有一个女孩刚拍了两下，球跑了，她马上气得不拍了。其他小朋友帮她把球捡过来，她还是不拍，老师劝她也不行。老师说这孩子平常就是这样，总是跟自己过不去，稍微有点不顺心就生气。

说谎。一个大班孩子，作品没有得到老师的表扬，他就跟妈妈说："今天老师狠狠地批评了我。"排座位没有坐在中间，他就跟家长说："老师不让我学习，让我坐在旮旯里。"如果教师与家长沟通不及时，很容易造成误会。

攻击。一个小班孩子在画画或做手工的时候，总是做一半就抓走另一个孩子的工具。其实这两个孩子都很聪明，只是后者的作品常常得到前来观摩的老师或家长的称赞，于是醋意使他产生了破坏和干扰别人的行为。

退缩。4岁的月月有一段时间总不想上幼儿园，妈妈问老师是怎么回事，老师也说不清楚。问孩子，他开始不说，后来说出真实原因是"画不好气球"。

任性。5岁半的嘉嘉喜欢跟爸爸玩牌、下五子棋，但经常不按规矩玩牌，为了赢，他把"大王"藏了起来；下棋时也随便改规则，输了就哭，要求爸爸让他赢，如果爸爸说按规矩来，他就不玩了。下次再想与爸爸玩，爸爸说不能耍赖，他口头答应，但依然如故，很任性。

争强好胜应以促进自我进步为目标

一位家长是某公司的管理人员，她特别崇尚从小就培养孩子的竞争意识。她有一个坚定的理论依据就是自己从事的管理工作上的“鲶鱼效应”，认为也应该让孩子早早地懂得竞争、学会竞争，把他的竞争天性激活。初听颇有道理，仔细分析一下，便发现这个类比有点简单化了。

儿童世界与成人世界的竞争规则不尽相同。竞争分为两大类：排他性竞争和排我性竞争。前者主要是成人社会的游戏规则，具有“胜者为王，败者为寇”的比拼结果。《现代汉语词典》对竞争的释义也是具有排他性的：“为了自己方面的利益而跟人争胜，如贸易竞争、竞争激烈。”后者主要是儿童世界的竞争特征。纵观人生，做学生这段经历带有很浓的自我奋斗痕迹。一个智力普通的孩子只要学习态度端正、方法得当、努力勤奋，就能成为一个合格的学生。显而易见，以上诸因素都是比较个人的事，只要认真对待这些个人的事，就能完成学生时代的主要任务。孩子之间没有根本的利益冲突，并不是非得争出个你输我赢的结局不可。因此，孩子的争强好胜应以促进自我进步为目标，而不以打败别人为目标。

调节争强好胜情绪的策略

◦ 培养健康的竞争意识

“胜败乃兵家常事”，是深厚阅历培养出来的大将风度。输不起的孩子容易情绪低落、痛苦、气恼，或者性情好斗、人际关系紧张；输得起则意味着认输而不服输，并力争东山再起的良性竞争状态。因此，带领孩子进入良性竞争需要从小培养他健康的输赢心理、良好的竞争素养，这是他们应对未来成人社会竞争生活的基础。

◦ 纳入排我性竞争

过早培养孩子的排他性竞争是不适宜的，会降低孩子的心理承受能力，使孩子常常刚而易断、输不起。家长应该主要采用排我性竞争教育，引导孩子学会把自己作为竞争对手——“今天的我要胜过昨天的我，明天的我又胜过今天的我，这次的我比上次的我还棒”，让孩子为不输给自己而努力。所以，父母在日常教育中，不能简单移植成人竞争的“游戏规则”，要不断地鼓励孩子战胜自己，而不总是想着要挫败别人（排他性竞争）。其实，这种看似不与人争的教育，反而会使孩子在进入成人社会后成为富有实力的竞争者。

◦ 掌握基本的知识和技能

竞争主要依赖自身的潜能和优势，知识和技能上的匮乏常常是孩子产生挫败感的直接因素。如果孩子是这种情况，就手把手地教他知识和技能，让他产生成就感，建立自信心。

◦ 常常念叨别人的优点

这并不是长他人的志气，灭自己的威风，而是认可别人、接纳别人的“情商”培养。对于输不起的孩子尤其要加强这方面的熏陶。家长可以经常与孩子交谈：“小明有什么优点？”“你可以从莎莎身上学到什么长处？”

◦ 尊重失利的小朋友

争强好胜的孩子有时会看不起失利的小朋友。上课的时候，老师问完问题，小朋友都争着举手回答，莹莹的手举得很高，老师也没有点她的名，因为她已经回答好几个问题了。于是老师点了举手的凡凡，凡凡站起来支支吾吾地不知说什么好。莹莹说：“没想好就不要举手！”凡凡更想不起来怎样回答问题了，沮丧地坐了下来。发现这种情况，家长要引导孩子理解这样的话会让别人很难过，小朋友之间要友好，不能太傲气，要学会尊重他人。

◦ 游戏时别总是让着孩子

在进行下棋、玩扑克牌、拍球等亲子游戏的时候，别给孩子造成总是他胜利的假象。因为幼儿与成人的思维方式不一样，大人觉得让让孩子无所谓，只是玩玩而已，孩子却把游戏当成“工作”一样对待。家长要在游戏中让孩子知道有输有赢，并锻炼他承受失败所带来的心理压力。

◦ 合作与竞争是一对孪生子

观察社会上的成功人士可以发现，真正取得竞争优势的人首先是一个善于合作的人，完全靠一个人单枪匹马就稳操胜券的情况并不是经常出现的，因为我们正处于一个专业分工精细而又合作共处的时代。对于孩子来说，学会竞争的前提是学会合作，因此培养孩子成为一个好的合作者将为孩子打下善于竞争的坚实基础，过分争强好胜的幼儿反而在人际关系智能上隐藏了很多问题。